天山北坡典型流域产汇流过程及模拟研究

王晓燕　杨　涛　师鹏飞　著

U0263552

科　学　出　版　社

北　京

内 容 简 介

本专著介绍天山典型流域的水文气象特性，重点分析流域水文过程及产流特征，构建能刻画土壤冻融作用及冰雪消融高空间异质性的分布式寒区水文模型，模拟分析天山北坡玛纳斯河上游不同时间尺度下产流过程的空间格局，探明冰川产流对总产流贡献率的时空变化规律，阐明不同降水数据集和不同模型结构对研究区水文过程模拟的影响。

本专著可供从事资料匮乏区气象数据重建和高寒地区水循环过程研究的科研人员以及从事流域水资源评价管理的技术人员阅读参考。

图书在版编目（CIP）数据

天山北坡典型流域产汇流过程及模拟研究 / 王晓燕，杨涛，师鹏飞著. —北京：科学出版社，2018.11
ISBN 978-7-03-059142-5

Ⅰ. ①天… Ⅱ. ①王… ②杨… ③师… Ⅲ. ①天山－流域－产流－工程水文学－研究 Ⅳ. ①TV121

中国版本图书馆 CIP 数据核字（2018）第 241790 号

责任编辑：周 丹 沈 旭 / 责任校对：彭 涛
责任印制：张 伟 / 封面设计：许 瑞

科 学 出 版 社 出版
北京东黄城根北街 16 号
邮政编码：100717
http://www.sciencep.com

北京建宏印刷有限公司 印刷
科学出版社发行 各地新华书店经销
*
2018 年 11 月第 一 版 开本：720 × 1000 1/16
2018 年 11 月第一次印刷 印张：9
字数：179 000
定价：**99.00 元**
（如有印装质量问题，我社负责调换）

　　本书由中国科学院"百人计划"项目（气候变化条件下新疆内陆干旱区河流的水文极端事件预测与调控研究，Y17C061001）、中国科学院重点部署项目（新疆山区径流水资源预测模型研制，KZZD-EW-12）课题一（新疆山区产流模拟关键变量研究，KZZD-EW-12-1）、北京金水信息技术发展有限公司研发项目（中小河流洪水预报模型研发，20168017316）、国家自然科学基金面上项目（气候变化条件下天山南坡出山口融雪径流灾害事件的形成机理与预测，41371051）联合资助。

目　　录

第1章 绪 论

1.1 研究背景与意义

水是人类生存和发展的生命线，是国民经济与生态环境的命脉。新疆水资源主要来自于山区，平原地区基本不产流[1]。现状条件下，河流开发利用率平均高达74%，远超国际50%~60%的警戒线；局部地下水超采严重、地表生态退化；内陆河污染加剧，严重影响和消减水资源质和量；跨境河流涉水争端激烈，限制区域水资源开发利用。发展中的新疆，水资源存在巨大缺口。预测表明[2]，至2030年新疆水资源缺口近 $100 \times 10^8 \text{m}^3$。在气候变暖的背景下，新疆水资源系统非常脆弱和敏感[3]，冰雪融水变化正改变着新疆水循环过程和水资源时空分布，将严重影响生产、生活、生态格局[4]。

目前，新疆山区降水-径流转换机制及其变化规律还不清楚。由于新疆山区海拔高且变化幅度大，水平、垂直方向的降水、温度时空分布差异，导致流域内雨、雪、冰分布的巨大空间差异；加之高寒冻土、高寒草甸、中山带森林、低山带草原等地带性分布影响，不同流域降水（雨、雪、冰）-径流转化时空差异显著，但降水-径流转化机制尚不清楚。全面认识的欠缺给新疆水资源管理和利用带来巨大困难。

此外，由于山区地势高度差异悬殊，气候异常恶劣，2500m以上山区的气象站寥寥无几，山区气象资料严重匮乏，显著制约了高寒山区水文学研究的深入发展，导致雨、雪、冰产流的时空变化机制尚未明确、山区径流模拟技术研究还很薄弱。因此，研究高寒山区关键水文过程（尤其是冰雪累积及消融过程、季节性冻土冻融对产流过程的影响等）的模拟方法，构建能合理描述新疆山区产汇流特征的山区流域水文模型，揭示山区产流过程动态变化，不仅可提高不同相态水分转化机制的研究水平及其对径流影响的认知水平，为新疆水资源开发利用管理提供决策依据，而且对寒区水文模型理论的完善具有重要的现实意义和科学价值。

1.2　国内外研究现状

1.2.1　山区气象要素的分布特征影响因素及插值方法

　　降水、气温是影响高海拔山区产流量和水文过程的源变量。气象测站网络是降水、气温数据的最主要来源，为流域降水-产流过程研究与预测提供保障。测站网络的密度与经济技术水平和区域自然条件密切相关，在人类不易到达的山区，往往测站点稀少甚至没有测站点，气象数据稀缺是一个普遍性的问题。以新疆天山产流区为例：天山西段海拔 3000~5000m，中段海拔 4000~4300m，东段海拔 3000~4000m，山势险峻，人类难以到达，各河流径流测站点绝大多数位于出山口位置。出山口以上的水文、气象监测数据稀缺，给该流域水文模拟带来了巨大挑战。

1.2.1.1　山区降水、气温时空分布的影响因素

　　山区降水、气温时空分布的影响因素复杂，常把降水、气温的主要影响因素归为三类：地理因素（经度和纬度）、海拔以及局地地形条件（坡度和坡向）。在大尺度（如全球尺度）研究区，经度、纬度及海拔是主要影响因素；而在小尺度（区域或者流域）范围内，海拔和地形条件的影响最重要。本书主要针对区域尺度范围内降水、气温分布的影响因素进行总结。

　　1. 高程的影响

　　高程因子对山区降水、气温影响的研究成果较多。20 世纪 90 年代，国外诸多学者[5]均通过山区降水数据的统计学分析得出高程与降水间存在较高的相关性。国内山区降水的研究，早期主要集中在设有实验测站的祁连山黑河流域一带。陈跃等[6]在祁连山开展了降水空间分布特征研究，发现降水量随海拔升高呈现增大的趋势。穆振侠和姜卉芳[7]以 TRMM 降水数据为基础，探讨分析不同地形走势下西天山山区降水量与海拔的关系，揭示了山区降水在垂直方向上并非简单的随海拔升高而增加。

　　在相同地形条件下，山地气温一般随海拔的升高而下降，平均而言海拔每

升高 100 m，气温下降 0.6℃。实质上气温随海拔的直减率会随着山地性质、气候条件的差异而变化。景少波等[8]利用地面观测气温和探空资料对叶尔羌河流域气温垂直分布进行了初步研究，研究发现叶尔羌河流域气温直减率随着高程的增加呈现递增的趋势，气温受季节影响明显，冬季气温直减率最低，夏季次之。

2. 局地地形的影响

局地地形因素对降水的影响十分复杂，部分学者发现在某些状况下局地地形对降水的影响是不可忽略的。1963 年，傅抱璞[9]指出局地地形对小气候的影响非常大，降水的最大增幅发生在 45°左右的坡度处。甄计国等[10]通过研究甘肃省降水的空间分布，指出在受季风影响显著的研究区，考虑坡向因子有利于提高降水插值的精度。韩添丁等[11]通过统计、分析天格尔山南北坡的乌拉斯台河流域和乌鲁木齐河流域近 40 年的降水观测资料，揭示了天格尔山南北坡不同坡向对降水变化的影响规律，结果表明降水变率因坡向、季节的差异而不同。

局地地形因素对气温的影响也很复杂，由于坡向的差异，日照时间和辐射条件均会不同，进而引起气温的明显差异。山区的坡向有阴坡和阳坡之分，且在多数山区出现阴坡温度低于阳坡的特征。坡向对气温的影响随纬度和季节的变化而不同：因坡向不同引起的温度差异通常在冬季最大、夏季最小。高纬度地区的温度差异性比低纬地区显著。坡度、地形遮蔽分别通过影响气流的上升速率、受光情况而进一步影响气温。

1.2.1.2 山区降水、气温插值方法研究

山区降水、气温的空间变化通常较大，通过建立密集的山区气象观测网来研究这些要素的变化是不现实的，所以常常需要利用插值方法来得到气象要素的空间分布信息。对降水、气温的插值研究进行归纳总结，主要包括 2 种解决途径：一种是基于观测站点的气象数据进行空间插值，另一种是综合卫星产品和观测站点气象数据的融合方法。

在气象站点稀疏且地形起伏较大的研究区，由于影响降水时空分布的局地因素复杂多变，结合研究区地形特征，识别精度较高的空间插值方法显得尤为重要。在众多插值方法中（表 1-1），每一种方法都有其优点和缺点，如反距离加权法用于观测站点稀疏区域时，比其他方法的插值精度更高，这一优势在地

形较平坦的平原地区尤为明显[12]。而泰森多边形法不适用于高程差较大的区域。近年来许多学者在不同研究区对比分析了各种插值方法的适用性。如白江涛等[13]、江善虎等[14]在不同区域对比了多种插值方法对降雨的模拟精度，认为考虑海拔影响的协同克里金法优于传统常用的反距离加权法、径向基函数法等。

表 1-1　插值方法及优缺点介绍

插值方法	优点	缺点
多元回归法	可以考虑地形等多个变量对气温和降水的影响	对数据精度要求高，在要素空间分布方面的模拟能力不足，局部误差较大
泰森多边形法	一般适用于站点分布密集的区域	不考虑高程对气象要素的影响，在高程变化大的区域容易造成较大误差
反距离加权法	需要的站点数据较少，使用方便，容易与 GIS 软件融合	只考虑单因素对降水的影响
普通克里金法	可以量化站点在空间上的自相关性，相比传统方法有更高精度，也可以较好模拟要素的空间分布	无法考虑高程、地形因素等对气象要素的影响，计算复杂
协同克里金法	在普通克里金法基础上考虑高程的影响，具有更高的精度	对辅助参数的精度要求较高，计算复杂
径向基函数法	可以用于大量点数据的插值计算，能够反映整体和局部变化趋势	在数据稀疏的区域，插值结果误差较大；另外在数据空间差异较大的区域采样误差较大，也难以取得满意结果

由于受到如下因素的影响，山区的站点观测数据往往不能满足应用的需求：①气象观测站数量稀少，且站点主要分布在峡谷地区，严格来讲，基于这些站点气象数据的分析结果并不能真实反映山区的实际降水分布规律；②站点数量稀少制约了现有的内插方法计算的降水空间分布精度。现有的内插方法通常有能力保证站点附近区域的插值精度，但难以保证离气象站点较远区域的插值精度，如基于亚洲各地区的雨量站观测资料插值而成的 APHRODITE 降水数据集，是目前唯一覆盖整个亚洲地区高分辨率长时间序列的陆地降水网格化资料，已经被广泛应用于气候变化和水循环研究、高分辨率模式结果检验等领域。国内外学者对 APHRODITE 降水数据集的实用性进行了评估，发现 APHRODITE 数据集存在对山区高海拔带降水量低估的误差[15]。

综上所述，在地形条件复杂的山区，基于低海拔区台站观测降水的插值结果往往不能保证高海拔山区降水的分布精度，因此卫星降水数据应运而生。在过去几十年间，利用卫星反演、站点数据插值生成了许多降水产品，这些产品使研究大尺度区域尤其是地面测站点稀疏地区的水文过程模拟成为可能。例如 1987 年发射的 SSM/I（Special Sensor Microwave/Imager），1997 年发射的

TRMM-TMI（Tropical Rainfall Measuring Mission-Microwave Imager）提供了日时间尺度降水数据产品，其结果通常结合地面观测数据、地形地貌条件进行校正。于 2014 年 2 月 27 日发射的新一代的降水观测卫星 GPM，可提供小时尺度的降雨、降雪数据产品。Milewski 等[16]利用 TRMM 降水数据驱动 SWAT 模型，研究了 Sinai 半岛干旱区和埃及东部沙漠区的降水−产流过程，认为在缺乏测站点提供降水数据的情况下，TRMM 遥感降水数据不失为一种有效的替代办法。目前已有学者评估了卫星反演降水产品及再分析降水资料在中国地区的适用性，指出遥感降水数据作为数据稀缺山区的代用数据有很好的应用前景。因此，结合低海拔降水站点观测数据和地形地貌数据，研究有效利用遥感降水数据的方法是未来数据稀缺山区降水插值方法的一个重要方向。

　　类似于山区降水，基于山区低海拔区台站观测气温的插值结果往往也不能保证高海拔区气温的分布精度。针对这一问题，目前的解决方法主要包括 2 类：①按气温直减率法估算各高程带的逐月/日气温，这是目前推算高山缺资料区气温的常用方法。若相邻流域/区域高海拔区也缺少气象观测网，则气温直减率常常取 0.6℃/100m。若相邻流域/区域高海拔区已架设气象观测网，则需结合流域/区域内及周围观测站点气温数据集，计算不同月份的气温直减率。另外，参考当地探空气温也可推算气温直减率。②基于台站资料和卫星产品构建的高分辨率网格化温度资料，如普林斯顿大学发布的全球逐日 1°×1°温度数据集 PGMFD[17]。部分学者也通过卫星热红外遥感数据反演的地表温度、植被指数以及台站气温等参数之间的关系来估算气温。其中 MODIS 地表温度产品由于具有较高的时间分辨率和高光谱分辨率、适中的空间分辨率及数据获取较方便等突出优势，常用于气温估算。但是这些资料涵盖的时间序列往往不够长或者覆盖范围虽大但分辨率较低，在水文、生态领域的应用中仍存在一定的局限性。

1.2.2　分布式水文模型

　　本节主要针对分布式水文模型的发展历程、流域空间离散方法和分布式寒区水文模型进行回顾和总结。

1.2.2.1　分布式水文模型的发展历程

　　分布式水文模型基于水流运动的物理规律，以网格为计算单元，考虑地形、土壤、植被和土地利用等的空间异质性，可将降雨、蒸发和径流的空间分布反映出来。1969 年，Freeze 和 Harlan 首次提出了分布式水文模型的概念[18]。1979 年，Beven 和 Kirkby 开发了 TOPMODEL 模型（Topography based hydrological model），该模型通过地形指数反映下垫面的空间变化对流域产流的影响，但忽略了气象要素的空间异质性对流域产汇流的影响，因此只能属于半分布式水文模型[19]。1980 年以后，由丹麦、法国、荷兰和英国水文学家联合开发的 SHE 模型[20, 21]，是具有物理意义的分布式模型的典型代表。随后，各国的水文学家们研制出了一系列的分布式水文模型，如美国工程兵团的 Julien 等于 1991 年开发了 CAS2D 模型（Cascade two dimensional model）[22, 23]、加拿大滑铁卢大学的 WATFLOOD 模型[24]、意大利水文学家 Todini 开发的 TOPIKAPI 模型[25]、加拿大国家水文研究所的 SLURP 模型[26]。随着大尺度水文学的发展，大尺度水文模型如 VIC 模型[27, 28]、Macro-PDM 模型[29]等相继出现。另外，原来功能单一的分布式水文模型，不断加入土壤侵蚀、污染物运移过程及化肥、农药、营养物传输等过程，发展为功能齐全且界面友好的分布式水文模型，比较典型的有 SWAT 模型[30]、MIKE SHE 模型[31]等。

我国在分布式水文模型方面的研究起步较晚，沈晓东等提出了在地理信息系统支持下，动态分布式降雨径流流域模型[32]；李兰等以水动力学理论为基础，提出了分布式流域水文数学物理模型[33]；郭生练等[34]、吴险峰等[35]和李丽等[36]分别提出了基于 DEM 的分布式水文模型；任立良和刘新仁[37]、李致家等[38]将原有的新安江模型发展为半分布式水文模型和栅格型新安江模型，并成功应用于中国多个流域的水文研究。

1.2.2.2 流域空间离散方法

流域的气象、地形、土壤类型、土地利用、河网分布等条件都较为复杂，其空间分布变化会显著影响流域的水文过程，因此水文模型在计算时，常利用 DEM 将流域离散为若干个子单元，在每个计算单元上对各水文过程进行求解。流域空间离散方法即基于 DEM 的单元划分，是分布式水文模型构建的基础[39]。目前流域空间离散方法主要分为基于自然子流域单元、网格单元和山坡单元划分三种类型[40]。

1. 基于自然子流域单元划分

目前，根据 DEM 可以自动、快速地进行河网的提取和子流域的划分。将研究流域按照自然子流域的形状进行离散，是分布式水文模型常用的离散方法之一。

基于自然子流域单元构建的分布式水文模型，一般应用概念集总式方法直接推求流域出口水文控制站流量，或者先计算每个子流域内的净雨量，然后进行坡面汇流及河道演算推求出水文控制站流量[41]。基于自然子流域的模型包括分布式新安江模型[42]、分布式 TANK 模型[41]、分布式时变增益模型[43]等。这类模型的优点是单元和单元之间的水文过程概念清晰、结构简单、计算不复杂，缺点和集总式水文模型类似，即过度简化处理了计算单元内水分的运移过程。

2. 基于网格单元划分

网格单元包括规则网格单元和不规则网格单元，一般分布式水文模型常基于规则网格将流域分割为若干大小相同的矩形网格。代表性模型有 SHE 模型、Doe 研制的 CASC2D 模型等[44]。一般网格分辨率也会影响模型模拟精度，网格分辨率一般根据降雨、地形、土壤类型和土地利用等特性的空间分布差异而确定，但随着分辨率提高，模型计算时间会成倍增加，所以也需要兼顾计算上的可行性。依据网格单元构建的分布式水文模型的优点在于具有一定的物理意义，能直接考虑各水文要素的相互作用及其时空变异规律，但模型对输入数据的要求及计算成本一般较高[45]。

3. 基于山坡单元划分

基于山坡单元划分是沿着水流路径以流域山坡斜面或由等高线与地表水流线构成的区间为计算单元，在每个单元通过山坡水文学原理建立单元水文模型，进行坡面产汇流计算，最后进行河网汇流演算[45, 46]。这种流域空间离散化方法是对水流方向的合理模拟，能够精确表示地形特征。典型的山坡单元型的分布式水文模型有 IHDM （institute of hydrology distributed model）和 GBHM 模型（geomorphology-based hydrological model）[47]。这类模型单元划分工作量很大且不便于自动处理，因此计算成本较高。

1.2.2.3　分布式寒区水文模型

冰川、积雪和冻土是寒区或寒冷季节水文气象作用下特有的产物。受冰雪的累积消融过程、冻土的冻融过程影响，高寒地区的水文循环机理有着自身的特征，不同于常规流域的水循环演变规律。寒区水文模型是研究高寒山区不同相态水分转化机制及径流形成的主要工具，也是流域水文模型中比较重要的一部分。表1-2列举了常用的寒区水文模型，包括概念性模型和基于物理机制模型两大类。在众多的寒区模型中，比较有代表性的概念性寒区模型是HBV模型。由于该模型最初即是针对寒区环境研发的，因此模型自带冰雪模块。该模型的输入数据较易获取且计算结果误差较小，在不断完善的过程中演变出多种版本，并应用于不同尺度寒区流域的水文循环研究中。

表1-2　常用的寒区水文模型

模型	物理分类	空间离散方式	冰川	积雪	冻土
DHSVM[48]	物理机制	格点	无	有	无
FEST-WB[49]	概念性	格点	有	有	无
GBHM[47]	物理机制	水文响应单元	无	有	无
HBV[50]	概念性	水文响应单元	有	有	无
HEC-HMS[51]	概念性	水文响应单元	无	有	无
SHE[20, 21]	物理机制	格点	无	有	无
SNOWMOD[52]	概念性	水文响应单元	有	有	无
SRM[53]	概念性	水文响应单元	无	有	无
SWAT[30]	物理机制	水文响应单元	无	有	无
TOPKAPI-ETH[25]	物理机制	格点	有	有	无
UBC	概念性	水文响应单元	无	有	无
VIC[28]	物理机制	格点	无	有	有
WaSiM-ETH[54]	物理机制	格点	无	有	无
WATFLOOD[24]	概念性	水文响应单元	无	有	无

在基于物理机制的寒区模型中，代表性模型属VIC模型。该模型基于严格的物理方程计算积雪消融及冻融期土壤水分迁移，已经广泛应用于水文模拟以及气候变化、人类活动对水资源影响的研究中。作为大尺度分布式水文模型，VIC模型空间尺度的选择较为灵活，在全球尺度、大陆尺度、流域尺度均可应用。Nijssen等[55]从全球角度模拟分析了主要大江大河的水循环规律。

Costa-Cabral 等[56]利用 VIC 模型研究了湄公河流域气候变化、土壤类型以及植被变化对水文过程的影响。但该模型对输入数据要求较高，一定程度上限制了其在资料匮乏的高寒山区推广应用。

上述的寒区水文模型中均考虑了融雪径流部分，但只有部分模型（如 FEST-WB、HBV）考虑了冰川径流过程，此外土壤的冻融对产汇流的影响也很少在寒区水文模型中考虑。因此，现阶段的多数寒区水文模型在高寒山区流域很难取得准确的水文过程模拟。

1.2.3　寒区关键水文过程及模拟方法

尽管多数寒区水文模型尚不能准确模拟寒区的水文过程，但学者们已对冰川运动与消融、季节性积融雪和冻土冻融等单一过程的物理机制开展了深入研究，以下将对这些寒区关键水文过程的模拟方法进行总结归纳，为建立综合考虑冰川、积雪、冻土过程的流域水文模型奠定基础。

1.2.3.1　冰川消融过程模拟方法

冰川消融计算方法常基于冰面融水量和不同气象因子间的函数关系，或者考虑冰面消融物理机制的能量平衡关系而构建。因此，冰川消融计算方法可分为基于气象因子的统计法和基于物理机制的能量平衡法两种类型[57]。

1. 基于气象因子的统计模型

影响冰川消融的主要气象因子包括气温、降水、相对湿度、风速及辐射量等，冰川区通常气象观测资料稀缺，一般只有相对容易观测的气温资料，因此对数据要求不高且结构简单的统计模型被广泛应用。最具代表性的统计模型包括度日因子法和修正的度日因子法。

度日因子法由 Finsterwalder 和 Schunk[58]于 19 世纪 80 年代在对阿尔卑斯山冰川的研究中首次提出。度日因子模型采用正积温和度日因子计算冰川的消融量，此后度日因子这一概念在国内外冰川变化和冰川水文模拟中被广泛应用[59, 60]。度日因子法的关键在于建立冰川消融量与日平均气温的线性关系，采用日平均气温作为冰川消融的控制因子，若平均气温大于冰川消融阈值，则产生冰川融水。但该方法不能描述日平均气温小于冰川融水阈值时仍有冰川消融的现象，可见仅以日平均气温作为冰川消融的控制因子存在一定的局限性。此外，度日因子法尚未考虑坡度坡向等地形要素对冰雪消融量的影响，因而无法精准模拟复杂地形区实际冰雪消融量的时空分布。随着研究的不断深入，Hock[61]在度日因子法的基础上引入辐射因子，提出了修正的度日因子法，研究表明该方法对积雪消融过程的模拟精度有明显提高。我国学者陈仁升等[62]和卿文武等[63]在对天山山区冰川消融模拟的研究中，也得出了类似结论。

2. 基于物理机制的能量平衡模型

冰川能量平衡模型是考虑冰面消融能量平衡关系的物理模型。该模型对输入数据要求较高，通常以冰川表面的降水、气温、辐射量等资料为输入。1975年，Kraus[64]使用单点能量平衡模型模拟高山区的冰川消融过程。考虑到冰川区气象要素的空间异质性，冰川能量平衡模型也开始朝着空间化的方向发展。早期的空间化冰川能量平衡模型主要考虑高程对能量分项的影响。1982年，Munro和 Young[65]在能量平衡方程中引入了地形参数以考虑地形对短波辐射的影响。1998年，张寅生等[66]通过物理气候学模型模拟我国大陆型山地冰川运动，并建立了随平衡线高度变化而变化的能量平衡方程。近些年来，随着遥感和地理信息系统的发展，开始以网格化分布式的形式详细考虑地形对能量分项的影响，这类模型是通过计算网格单元中的能量收支情况来获取整个面上的能量平衡。如 Arnold 等[67]在瑞士的山谷冰川流域构建一个分布式模型，考虑了地形对净短波辐射以及对反射率的影响；白重瑗等[68]对我国天山乌鲁木齐河源冰川辐射平衡进行计算，考虑了坡度、坡向以及周围山体等地形因子对辐射量的影响；蒋熹[69]通过构建高时空分辨率的分布式能量–物质平衡模型，对七一冰川的能量平衡进行了深入研究。

能量平衡模型能从物理机制上详细描述冰川的消融过程，但需要的输入参数较多、理论结构复杂，常常缺少对冰川的长期、连续、密集的观测数据等因素，限制了能量平衡模型的推广应用。随着技术和观测手段的提高，发展分布式能量平衡模型将成为今后冰川水文科学的重要发展方向。

1.2.3.2　融雪径流模型

在水文过程模拟中最早关注融雪现象是在 20 世纪初，以 Horton[70]的研究为代表。接着 Komarov 和 Makarova[71]、Anderson[72]、Kane 和 Stein[73]、Stähli 等[74]、Zuzel 等[75]对冻融期融雪径流开展了较系统的研究，并构建融雪产流模型来解释融雪径流机制。融雪水量在模型中的计算大体可以包括两种类型。

（1）基于能量平衡法。该方法具有相对较强的物理基础，主要考虑入射和反射的短波辐射、长波辐射、地热通量以及感热、潜热通量。1956 年，美国陆军工程团在对北太平洋地区的融雪调查中首次提出以能量交换为基础来计算融雪；随后 Riley 等[76]、Anderson[72]、Morris[77]在点尺度上以能量平衡方程、水量平衡方程为基础，通过雪面辐射、反照率、蒸散发等过程深入研究积雪融化。随着研究的深入，部分学者发现在融雪计算中积雪层上层和下层的物理性质在融化过程中是不同的，于是开始分别考虑上、下层雪盖的能量和水量平衡，如 ISNOBAL 模型[78]、VIC 模型[79]等；犹他大学 Jackson[80]以能量水量平衡为基础构建了 UEB 模型，与其他融雪模型不同的是，该模型将积雪层和冻土层作为整体来考虑，并且单独计算积雪表面温度。Herrero 等[81]将构建的能量平衡融雪模型应用于西班牙的 Sierra Nevada 山区，发现能量平衡融雪模型尤其适用于蒸发量较大的地区。Fernández[82]以能量平衡理论建立的融雪模型考虑了积雪表面和整个雪层的能量平衡，用于预测积雪表层温度和冻结深度，准确模拟了随季节变化积雪的累积和融化过程。

我国在运用能量平衡方法模拟融雪过程方面起步较晚，马虹和程国栋[83]基于能量平衡模拟了我国天山山区积雪逐日融雪率；裴欢等[84]建立了分布式融雪径流模型，基于能量和水量平衡的方程计算融雪量，并依据天山北坡军塘湖试验区 2006 年春季实测数据进行验证，模拟效果比较理想。李弘毅[85]建立了考虑风吹雪的单层分布式积雪模型（BSM），并用于冰沟河流域的径流过程模拟。总体而言，国内外学者在基于能量平衡融雪模型的发展上已取得了一定的进展，但由于输入数据较多，限制了该类方法的应用。

（2）基于气象因子的统计模型。该方法中最具代表性的是度日因子法和修正的度日因子法。由于气温数据广泛的实用性、可插补性和可预测性及计算简单等特点，度日因子法被加入到国际应用比较广泛的 SHE、HBV、SRM、SWAT 等水文模型中。同时，国内学者结合该方法实现了新安江、TOPMODEL 等模型的拓展，并在寒区进行应用。尽管应用广泛，但该类模型对不同下垫面下融雪过程模拟的误差波动较大；且随着融雪水文过程机理的探索及水文过程与地球化学、环境生态、气象和气候等之间的耦合研究，经验方程由于其自身存在的局限性而无法适应这些挑战。修正的度日因子法已在本书 1.2.3.1 节中介绍，此处不再详细说明。

1.2.3.3　冻土水文模型

与冻土有关的水文模型的研究发展已经越来越受到重视。早在 1973 年，Harlan[86]通过研究冻土的水分和热量的相互影响规律，构建了考虑水热耦合过程的冻土模型，且发现模型对冻土水热过程有一定模拟能力；随后在 1989 年Flerchinger 和 Saxton[87]发展了一维冻土水热耦合的 SHAW 模型，该模型理论基础严密，是最早能全面反映冻土体系特点的模型，至今仍被广泛应用。除以上冻土水文模型外，包含冻土水热耦合过程的 VIC 模型及 CoupModel 在国外的冻土水文过程研究中也被广泛使用。在 1999 年 Cherkauer 和 Lettenmaier[88]运用VIC 水文模型，模拟了密西西比河流域的冻土水文过程，指出由于冻土的不透水作用，降水或融雪水的下渗量会减少，而流域的径流量会增加。Scherler 等[89]运用 CoupModel 模拟了瑞士阿尔卑斯山区冻土水文过程。Hollesen 等[90]利用CoupModel 模拟并预估了格陵兰岛东北部多年冻土区冻土活动层的动态变化，研究表明该模型有能力捕捉历史时期冻土活动层的动态变化过程，在温度升高2~6℃的情景下，最大活动层厚度将从目前的 70cm 增加到 80~105cm。

国内有关冻土水分运移模拟的研究起步较晚，自 1990 年以来，通过借鉴国外学者的相关研究，我国学者在冻土水文过程的模拟方面取得了一定的进展。刘杨等[91]利用 SHAW 水文模型模拟冻土层土壤的水热动态状况，取得了较好的模拟结果。2010 年，阳勇等[92]运用 CoupModel 对黑河源区高山冻土带两个试验区的冻土水热过程进行了模拟计算，取得了满意的模拟结果，并基于模型计算的土壤含水量及热通量等分析了冻土区在冻结期和融化期的水热传输规律；此外，诸多学者还采用土壤水动力学、热力学方法建立了土壤水热耦合模型，并在野外试验区对模型进行验证。2006 年，胡和平等[93]将基于混合 Richards 方程建立的考虑土壤水热过程的冻土模块与陆面模式相耦合，并结合青藏高原GAME/Tibet 实验资料对模型进行了验证。2010 年，王子龙[94]考虑了融雪、冻土间的水热耦合过程，基于黑龙江省综合试验站的观测数据构建了一维雪被-土壤水热耦合模型，经验证发现模型模拟误差尚可接受，研究成果可为有效利用东北地区的农业水热资源方面的研究提供一定的理论支撑。2013年，付强等[95]建立了考虑积雪覆盖影响的季节性冻土水分迁移模型，在黑龙江省综合试验站的试验中得到了较好的应用，揭示了积雪覆盖下的农田土壤冻融规律。

以上模型均属于冻土水分运移的数值模型，该方法物理机制明确，但需要输入较多的数据，如不同深度的初始土壤含水量及初始土温、降水、气温等气象要素。由于目前我国高寒山区冻土期不同土深处土壤温度湿度等观测资料大量缺乏，使得该类数值模型的推广应用受到极大的限制。因此，部分研究者尝试对冻土水文效应进行概化，加入到非冻土区水文模型中，实现模型的拓展。如关志成等[96]改进了新安江模型，通过建立温度累积负积温函数考虑冻土的形成过程，提高了原模型在冻土区的模拟能力，但模型中假定土壤蓄水能力是时间的线性函数，缺乏理论与长系列实测数据的支持，合理性有待进一步验证。

1.2.4 冰川融水对流域径流贡献的识别方法

在我国西北内陆区，广泛分布于高山带的冰川被称为"固态水库"。冰川融水形成的径流是山区水资源的重要组成部分。据叶佰生等[97]与杨针娘[98]统计，我国西北内陆干旱区冰川径流约占流域总径流量的22%，其中新疆塔里木盆地达40%，个别河流如渭干河高达85%。同时，冰川被称为气候变化的敏感指示器。在全球变暖的大背景下，目前世界上大部分冰川呈现退缩趋势，引起很多流域的水文过程发生显著变化，将对未来的生态安全、社会经济发展产生深刻的影响。因此，冰川融水径流的估算及对流域径流的贡献评估备受关注。

然而，由于冰川消融过程和流域水文过程的复杂性，冰川径流估算是一项具有挑战性的工作，我国多数冰川区缺少详尽的水文气象观测资料，只有在少数容易到达、具有一定研究基础的流域才布设有完善的气象水文观测系统，但也存在数据系列不连续、观测不同步等问题。冰川、积雪融水的时空变化及冰川径流的贡献等研究仍存在很大不确定性。目前，计算冰川径流的方法大致可以分为直接观测法、冰川学方法、水量平衡法、水化学示踪法和水文模型法五种[99]。

其中，直接观测法和水量平衡法局限性较大，仅适用于具有较好观测基础的冰川流域[100, 101]；水化学示踪法不需要大量的水文气象数据，但该方法需要较多假设，如某化学元素仅存在于冰川融水中等，导致分析结果可能与实际情况经常有较大偏差[102, 103]；水文模型法成为目前国际上研究长序列冰雪融水径流过程的最常用方法[99, 104, 105]。

目前，利用水文模型法计算冰川径流量通常有两种形式：一种是将冰川模块嵌入到已有水文模型中，弥补原有水文模型对冰川径流过程刻画不足的缺陷；另一种是开发新的冰川水文模型。冰川消融算法主要包括度日因子法、修正的度日因子法和能量平衡模型。三种冰川消融算法中应用较广泛的是度日因子法，如 Schaefli 等[106]基于度日因子法发展了概念性冰川水文模型 GSM-SOCONT，并将观测的冰川物质平衡数据用于率定模型参数，取得了较好的效果。在众多寒区水文模型中，基于度日因子法发展的 HBV 模型演变出多种版本，并被广泛应用于冰川、积雪融水径流的估算中，取得了较好的效果[107]。

受到局地地形因素（坡向、坡度及遮蔽条件等）的影响，冰雪消融速率存在空间异质性高的特征[108]。为了较好地模拟冰雪消融空间分布，很多水文学家开始在空间分布式水文模型中引入修正的度日因子法，并以栅格或水文响应单元为计算单元模拟冰川、积雪的消融状况。Verbunt 等[54]在分布式水文模型 WaSiM-ETH 中引入修正的度日因子法，模拟了瑞士山区 3 个不同冰川覆盖度流域 1981~2000 年冰川融水对流域总径流的贡献。Koboltschnig 等[109]利用空间分布式概念性水文模型 PREVAH（其中冰川融水模块基于修正的度日因子法），对阿尔卑斯山的冰川小流域进行冰川、积雪融水模拟。随着先进的自动化观测仪器的推广以及冰川消融和辐射平衡观测资料的积累，具有较强物理机制的能量平衡模型成为研究冰川消融的新方向[110]。如 Ragettli 和 Pellicciotti[111]将能量平衡模型及具有物理机制的 TOPKAPI 水文模型用于安第斯山脉阿空加瓜河上游冰川流域的径流模拟中。

国内在研究冰川融水对径流的贡献上起步较晚。目前用于研究冰川融水的水文模型多是集总式水文模型或集中在小流域尺度的分布式模型。谢小龙[112]采用 HYCYMODEL 模型模拟了祁连山老虎沟 12 号冰川 2009 年的冰川融水径流过程。李晶等[113]基于 2007~2008 年的水文气象资料，利用融雪径流模型 SRM

模拟了天山科其喀尔冰川径流过程，取得了较好的模拟结果。杨淼等[114]利用 HBV-ETH 模型模拟了 1980~2006 年乌鲁木齐河上游 1 号冰川逐日径流过程，同时探讨分析了考虑冰川面积动态变化与对径流模拟精度的影响。然而，这些模型对冰雪表面消融状况的空间变化特征无法准确描述，发展具有降雨、积雪、冰川水文过程模拟能力的流域分布式水文模型是未来的发展方向之一，既要能更好地模拟流域复杂的水文特征，也要能在不同时空尺度上模拟降雨、积雪、冰川产流和河川径流的演变过程[115]，从而为估算冰川融水对径流的贡献提供更可靠的技术支持。

第2章 天山北坡典型流域气象特征分析

2.1 流域概况

天山山脉横贯我国新疆中部，山区降水丰沛，高海拔区域终年积雪，并分布着大量冰川。山区的冰雪水资源给养了大部分河流，其中玛纳斯河是准噶尔内陆区冰川规模最大的一条河流。玛纳斯河上游（图2-1）地理位置为43°04′~43°57′N，84°50′~86°19′E，肯斯瓦特水文站以上集水面积为5156km²。流域内地形起伏较大，海拔最高5137m，到流域出口降为866m，且海拔、坡度的空间异质性显著，属于典型的山区地形。流域内垂直地带性显著，可分为高山区、中山区和低山丘陵区。海拔3600m以上区域为高山区，冰川主要分布在该区域，是流域的固态水库，该区域地形崎岖且受冰川侵蚀作用强烈，通常人迹罕至，河流补给源包括冰川、积雪融水及夏季降雨。海拔1500~3600m为中山区，该区域降水丰沛，河流补给以降雨为主，与积雪融水并存，由于较好的水热条件，植被发育良好。海拔1500m以

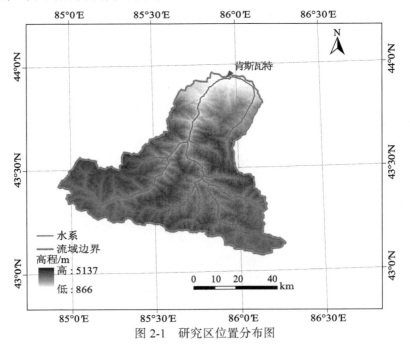

图2-1 研究区位置分布图

下为低山丘陵区，该区域地表产流较少，植被覆盖度约 50%。

根据中国冰川编目统计，玛纳斯河是准噶尔内流区冰川数量最多的一条河流，共分布 800 条冰川，面积约 672km²。冰川面积最小为 0.03km²，最大达到 31.88km²。图 2-2 显示了玛纳斯河上游冰川分布及不同子流域内冰川分布高程范围，其中冰川分布信息（位置、面积等）来源于伦道夫冰川编目（RGI3.2, randolph glacier inventory 3.2）。由图可见，冰川主要分布在流域的西南部、南部以及东部，高程范围为 3300~5100m。尤其在西南部，冰川分布相对集中，其中第 16 子流域中的冰川面积最大，约 130km²。

（a）玛纳斯河上游冰川分布

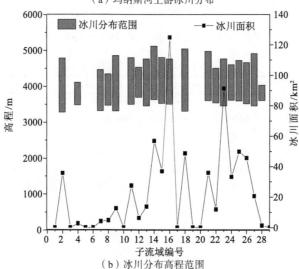

（b）冰川分布高程范围

图 2-2　玛纳斯河上游冰川分布及不同子流域内冰川分布高程范围

玛纳斯河上游属于雨、雪、冰混合补给的河流，受气候、下垫面等时空分布特征因素的影响，流域径流在年内分布极不均匀，主要集中在 6~9 月，约占年径流的 80%。根据肯斯瓦特站流量统计结果，出山口多年日平均流量约为 39m³/s，年均径流约 12 亿 m³，最大年径流量超过 20 亿 m³，最小年径流量不到 10 亿 m³。该河流也是新疆地区水资源利用率和管理水平较高的河系，目前已建成引水枢纽、大小水库十多座[116]。山区水资源丰富，其中始建于 2009 年的肯斯瓦特水利枢纽工程控制着全河 92%的水量，具有防洪、灌溉及发电等综合功能，它的兴建对促进当地社会经济的可持续发展具有重要意义。

2.2　研究区水文气象数据介绍

研究中需用的气象数据主要包括气象站的气温、降水、径流。流域内地形复杂，但未布设气象测站，仅分布有 3 个水文测站，各水文站观测的气象要素较少，且仅位于出山口的肯斯瓦特水文站有较为连续的降水观测数据。本研究还选用了玛纳斯河流域周边区域的 6 个具有气象数据记录的站点，如表 2-1 所示。多数气象站点具有较长时间序列的日降水、日气温（日最高气温、日最低气温及日平均气温）数据；而煤窑、清水河子以及肯斯瓦特等水文测站仅有日降水数据及日平均气温数据，且时间序列较短。玛纳斯河流域上游的肯斯瓦特站位于低山丘陵区上部，具有较好的水文测验条件，成为玛纳斯河出山口总控制水文站；本研究主要使用肯斯瓦特水文站 1967~1990 年的逐日径流量数据。

表 2-1　水文气象站点信息

站点名称	高程/m	经度/(°)	纬度/(°)	资料时段	数据类型	备注
乌苏	478.3	84.67	44.43	1961~2007 年	降水、气温	气象站
石河子	443.7	86.05	44.32	1961~2007 年	降水、气温	气象站
乌兰乌苏	469.0	85.82	44.28	1964~2007 年	降水、气温	气象站
蔡家湖	441.0	87.53	44.2	1961~2007 年	降水、气温	气象站
呼图壁	523.5	86.82	44.13	1961~2007 年	降水、气温	气象站
乌鲁木齐	918.7	87.62	43.78	1961~2007 年	降水、气温	气象站
煤窑	1161.0	85.51	43.54	1985~1987 年 / 1979~1987 年	气温 / 降水、径流	水文站
清水河子	1176.0	86.03	43.55	1985~1987 年 / 1981~1987 年	气温 / 降水、径流	水文站
肯斯瓦特	885.0	85.57	43.58	1985~1987 年 / 1967~1990 年	气温 / 降水、径流	水文站

2.3　研　究　方　法

降水、气温是影响流域水文状况的主要气象要素，也是水文模型所需的基本输入数据。由于受到地形等条件限制，雨量测站多布设在人类容易到达的低海拔区域，高海拔区域观测站点稀少。由于站点空间分布稀疏，难以反映山区气象要素分布规律，也难以满足分布式水文模型对输入气象数据空间分布的需求，因此需要借助插值方法得到气象要素的空间分布信息。下文将分别对不同气象要素的插值方法进行详细介绍。

2.3.1　基于 TRMM 卫星数据产品及站点数据的降水插值方法

在地形条件复杂的山区，基于低海拔区台站观测降水的插值结果往往不能保证高山区降水分布的精度。因此，结合低海拔降水站点观测数据和地形地貌数据，研究如何有效利用遥感降水数据是山区降水插值研究的一个发展方向。

表 2-2 列举了现阶段常用的不同降水产品的数据来源、时空分辨率等特征，由表可得这些降水产品或是空间分辨率较低（数据集 2、4、5），或是资料涵盖时间序列的起始年份较晚（数据集 6），或存在对山区高海拔带降水量低估的缺陷（数据集 3），因此本书选取 TRMM 卫星降水产品用于玛纳斯河上游降水插值方法研究。

表 2-2　不同降水数据集的特征介绍

编号	降水数据集名称	来源	起始年份	空间分辨率	时间分辨率
1	TRMM	遥感数据	1998	$0.25° \times 0.25°$	
2	MERRA7912	再分析数据	1979	$0.5° \times 0.67°$	
3	APHRODOTE	插值数据	1951	$0.25° \times 0.25°$	日
4	JRA55	再分析数据	1958	$1.25° \times 1.25°$	
5	基于中国地面高密度台站的降水数据集	插值数据	1961	$0.5° \times 0.5°$	
6	中国自动站与 CMORPH 降水产品的融合数据集	再分析数据	2008	$0.1° \times 0.1°$	小时

本书选用季漩[117]提出的基于 TRMM 卫星产品及站点数据的降水空间插值方法，获取了玛纳斯河上游降水时空分布数据集。方法的流程图如图 2-3 所示，

总体可分为四步。

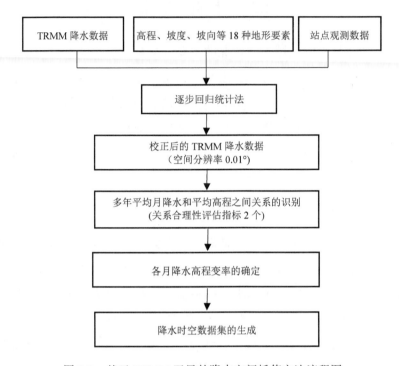

图 2-3   基于 TRMM 卫星的降水空间插值方法流程图

1. TRMM 卫星降水数据的校正

尽管多数研究认为 TRMM3B43 数据是公开的最好降水数据产品,但诸多研究表明山区 TRMM3B43 数据的可靠性略低,因此将 TRMM 数据应用于高海拔山区玛纳斯河上游时,需要对其进行校正。

校正方法采用逐步回归统计法,即通过建立各月份 TRMM3B43 数据与对应观测站点的回归关系进行校正[118-120]。

$$P'=R（TRMM,LCT,TRR）\qquad\qquad（2\text{-}1）$$

式中,P' 表示校正后的降水量;R 表示降水与其他要素的回归关系;LCT 表示经纬度等地理位置变量;TRR 表示高程、坡度、坡向和地表粗糙度等地形要素。

初始时所有变量被逐步引入回归方程,而后采用逐步回归法分析剔除对降水影响较小的变量,最终建立稳健的回归模型。根据各月份最优的回归关系,对流域内的 TRMM3B43 月平均降水格点数据进行校正,并采用双线性插值法,将校正后格点数据从 0.25°×0.25° 插值为 0.01°×0.01°。

2. 识别多年平均月降水和平均高程之间的关系

根据校正后的降水数据,分析玛纳斯河上游不同月份降水随高程的变化规律。由于玛纳斯河流域高程垂向差异性大,跨度超过 4000m,因此按照 200m 作为高程间隔分别统计高程带内多年平均月降水和平均高程之间的关系(表2-3)。二者之间关系的合理性评估指标为:①线性关系的拟合度,值越接近 1 越好;②显著性水平,反映关系拟合结果的可靠性。由表 2-3 可见,在多数月份降水与高程间的关系可用分段线性函数描述,不仅各线性函数的拟合度均大于 0.8,而且通过了 0.05 显著性水平检验,因此可判定多年月平均降水与平均高程关系式是合理的。

表 2-3　玛纳斯河上游各月多年平均月降水和平均高程之间的关系[117]

月份	公式	适用高程/m	月份	公式	适用高程/m
1	$y=-0.57+0.01x$	min~3100	7	$y=62.18+0.02x$	min~max
	$y=31.28-0.01x$	3100~max			
2	$y=2.03+0.01x$	min~2500	8	$y=43.21+0.02x$	min~max
	$y=23.29-0.004x$	2500~max			
3	$y=11.81+0.01x$	min~2000	9	$y=16.61+0.02x$	min~2200
	$y=76.66-0.02x$	2000~3500		$y=77.81-0.01x$	2200~3500
	$y=26.83+0.01x$	3500~max		$y=29.85+0.002x$	3500~max
4	$y=34.85+0.01x$	min~2000	10	$y=13.13+0.005x$	min~2000
	$y=109.97-0.02x$	2000~3500		$y=36.72-0.007x$	2000~max
	$y=26.38+0.004x$	3500~max			
5	$y=62.82+0.004x$	min~2500	11	$y=3.13+0.007x$	min~2000
	$y=91.57-0.01x$	2500~3700		$y=28.4-0.005x$	2000~max
	$y=15.67+0.01x$	3700~max			
6	$y=60.45+0.01x$	min~max	12	$y=14.57-0.003x$	min~max

注:max 表示流域最大高程,min 表示流域最小高程。

3. 各月降水高程变率的确定

根据表 2-3 列出的多年平均月降水和平均高程之间的关系式，进一步推求玛纳斯河上游各月降水的垂直变化率，结果如表 2-4 所示。可见降水量的垂直分布特征在不同月份有较大差异。6 月、7 月和 8 月的降水量均随高程的增加而递增，而其余月份降水的垂直变化率随高程区间而变化。

表 2-4　玛纳斯河流域各月降水垂直变化率

月份	降水变率		月份	降水变率	
	变率/（%/100m）	高程范围/m		变率/（%/100m）	高程范围/m
1	12.3	min~3100	7	2.4	mim~max
	−3.0	3100~max			
2	7.6	min~2500	8	2.8	min~max
	−2.9	2500~max			
3	5.4	min~2000	9	5.1	min~2200
	−4.2	2000~3500		−2.0	2200~3500
	8.2	3500~max		0.7	3500~max
4	3.1	min~2000	10	3.0	min~2000
	−2.9	2000~3500		−2.7	2000~max
	0.9	3500~max			
5	0.6	min~2500	11	7.4	min~2000
	−1.1	2500~3700		−2.6	2000~max
	2.0	3700~max			
6	1.5	min~max	12	−2.1	min~max

注：max 表示流域最大高程，min 表示流域最小高程。

4. 降水时空数据集的生成

日降水的插值公式为

$$R_{band} = R_{day}\left(1 + \frac{EL_{band} - EL_{gage}}{1000}Plaps_{yr}\right) \qquad (2\text{-}2)$$

式中，R_{band} 为某高程段的降水量（mm）；R_{day} 为雨量站点观测的降水量（mm）；EL_{band} 为该高程段高程（m）；EL_{gage} 为雨量站点位置的高程（m）；$Plaps_{yr}$ 为降水随高程的变率（%/100m），书中选用呼图壁站为降水插值研究的基准站。

2.3.2　改进的气温–高程关系法

2.3.2.1　气温–高程关系法

在气温资料匮乏的山区，常用气温–高程关系实现不同时间尺度气温资料的推算，如式（2-3）所示：

$$T_{\text{band}} = T_{\text{day}} + \frac{\text{EL}_{\text{band}} - \text{EL}_{\text{gage}}}{1000}\text{Tlaps}_{\text{yr}} \qquad （2\text{-}3）$$

式中，T_{band} 是待插值点的最高/最低/平均气温（℃）；T_{day} 为某日基础测站的最高/最低/平均气温（℃）；EL_{band} 为待插值点的高程（m）；EL_{gage} 为基础测站高程（m）；Tlaps_{yr} 为气温随高程的变率（℃/100m）。

已有学者[117]根据玛纳斯河流域及其周边气象站点的气温资料，分析了气温随高程的变化规律。结果表明（表 2-5），气温直减率在不同月份呈现较大的差异。总体上气温随着海拔的升高而下降，如夏季（6~8 月）气温随海拔升高迅速下降，气温直减率约 7℃/km，春季和秋季的气温随高程变化规律相近，但气温直减率相对夏季较小。但是在冬季，海拔 1800m 以下出现逆温现象，即气温随海拔增加而升高的情况，递增率在 1 月时达到 4.7℃/km。

表 2-5　玛纳斯河流域各月气温随高程的变率[117]

月份	气温变率	
	变率值/（℃/100m）	高程范围/m
1	0.47	min~1800
	−0.31	1800~max
2	0.25	min~1800
	−0.33	1800~max
3	−0.32	min~max
4	−0.57	min~max
5	−0.66	min~max
6	−0.70	min~max
7	−0.71	min~max
8	−0.64	min~max
9	−0.56	min~max
10	−0.42	min~max
11	−0.24	min~max
12	0.28	min~1800
	−0.32	1800~max

注：max 表示流域最大高程，min 表示流域最小高程。

2.3.2.2 改进的气温–高程关系法

气温–高程关系法的关键在于建立月气温与主要影响因素高程的线性关系，能大致地模拟月气温的整体时空分布，但缺乏对日气温的其他影响因素的描述，因而无法精准模拟日气温的动态变化。针对以上缺陷，本书提出了改进的气温–高程关系法（即回归反距离综合法）。

回归反距离综合法的基本思路：将待插值点的日气温分解为两个变量的和，如式（2-4）所示：

$$T_{日,i} = T_{月,j} + \Delta T \qquad (2\text{-}4)$$

式中，$T_{日,i}$ 指待插值点第 i 天的日气温；$T_{月,j}$ 指待插值点第 j 月的多年月平均气温，且 j 月为第 i 天所属月份；ΔT 指变量 $T_{日,i}$ 与 $T_{月,j}$ 的差值，简称日–月气温差。

若式（2-4）右边的两个变量可推求出，则待插值点第 i 天的日平均气温便可求得。由于流域内多年月平均气温与高程的线性关系显著，因此可利用 2.3.2.1 节中的气温–高程关系法推算 $T_{月,j}$。考虑到站点稀疏的现状，ΔT 的推求采用考虑高程的反距离加权法[式（2-5）、式（2-6）]求得。

$$\Delta T = \sum_{i=1}^{n} \lambda_i \Delta T_i \qquad (2\text{-}5)$$

$$\lambda_i = \cfrac{1}{\left(\cfrac{d_i}{\max(d_{ij})}\right)^2 \cdot \left(\cfrac{e_i}{\max(e_{ij})}\right)^{1.5}} \qquad (2\text{-}6)$$

式中，d_i 为第 i 参证站与待插值点的距离；$\max(d_{ij})$ 为所有参证站与待插值点距离的最大值；e_i 为参证站 i 与待插值点的高程差；$\max(e_{ij})$ 为所有参证站与待插值点高程差的最大值。

除高程外，影响日气温的因素还包括坡度、坡向、云量等。气温–高程关系法中仅考虑了高程对日气温的影响。而在回归反距离综合法中将日气温分离为两个变量之和，其中变量 $T_{月,j}$ 看作是高程因子的函数，而变量 ΔT 是日气温与当天所在月气温的差值，可看作是高程、坡度、坡向、云量等影响因子的函数。

由于这些因子与ΔT的函数关系式无法用显函数表示,因此ΔT采用空间插值法获取。

采用回归反距离综合法推求待插值点第i天日气温的步骤为:

(1)计算待插值点的第j月的多年月平均气温$T_{月,j}$。选择与待插值点海拔最为接近的气象观测站点为基准站,计算基准站的第j月多年月平均气温,并结合表2-5的气温变化率推求待插值点的第j月的多年月平均气温$T_{月,j}$。

(2)计算待插值点第i天的日–月气温差ΔT。基于表2-1所示的6个气象站点的气温观测值,分别统计各站点第j月的多年月平均气温;然后根据公式$\Delta T = T_{日,i} - T_{月,j}$计算每个观测站点第$i$天的日–月气温差$\Delta T$,形成样本数为6的$\Delta T$空间分布图。最后利用考虑高程的反距离加权法推求待插值点的ΔT。

(3)计算待插值点第i天的日平均气温。将步骤(1)得到的$T_{月,j}$及步骤(2)得到的ΔT相加,便得到待插值点的$T_{日,i}$。

2.3.2.3　基于交叉验证法的精度评估

交叉验证法是气象要素插值模型精度验证的常用方法[121]。该方法假设参与插值过程的某一个观测值为未知值,使用剩余的数据点进行插值得到该假设点的预测值,通过对比预测值与实际观测值来评价插值方法的优劣程度。该方法可以最大限度地利用观测值,从而保持较高的总体精度。本研究选取平均绝对误差(MAE)以及效率系数(NSE)作为评价精度的参数,其计算公式如下:

$$\text{MAE} = \frac{1}{n}\sum_{i=1}^{n}\text{abs}(T_{o,i} - T_{s,i}) \qquad (2\text{-}7)$$

$$\text{NSE} = 1 - \frac{(T_{o,i} - T_{s,i})^2}{(T_{o,i} - \overline{T_i})^2} \qquad (2\text{-}8)$$

式中,n为观测站点总数;$T_{o,i}$表示第i个站点的气温观测值;$T_{s,i}$表示第i个站点的气温模拟值;$\overline{T_i}$表示第i个站点气温观测值的均值。

2.3.3　潜在太阳辐射量推算模型

太阳辐射是地表物理、生物、化学过程中最基本、最重要的能量来源,也是水文模型的基本输入参数之一[122]。在气象观测站点稀少且分布不均的区域,太阳辐射值的计算往往通过空间插值进行，地形因子往往被简化或者忽略。但在一些地形复杂的山区，简单的空间插值法就有了很大局限性。因此，需要建立一个合理的山区太阳辐射分布模型来获取空间连续分布的太阳辐射数据。

目前，利用数字高程模型来模拟地表太阳辐射已经成为比较有效的方法。本研究基于玛纳斯河 DEM 数据，采用重采样技术将其空间分辨率从 90m 转化为 250m，并计算了坡度、坡向、入射角、遮蔽度、天空可见因子。

晴空下的太阳辐射（潜在太阳辐射），可分为直接辐射、散射辐射和周围地形的反射辐射。通常，辐射总量中直接辐射所占比例最大，散射辐射次之，反射辐射很小[123]。因此本研究在计算太阳辐射时忽略了周围地形的反射辐射。

2.3.3.1 太阳直接辐射

山区太阳直接辐射 E_{dir} 主要受地形坡面入射角和地形遮蔽因子的影响，计算方法如下：

$$E_{dir} = V_a \tau_b E_{ac} (r_0 / r)^2 \cos I ，如果 \cos I > 0 且 Z \geqslant \sigma \qquad （2-9）$$

$$E_{dir} = 0 ，如果 \cos I \leqslant 0 或 Z \leqslant \sigma \qquad （2-10）$$

式中，I 是太阳辐射入射角；V_a 是太阳遮蔽系数，其计算方法见文献[122]；E_{ac} 是太阳常数（W/m^2）；$(r_0/r)^2$ 为日地距离订正系数；τ_b 是直接辐射透射率，这里采用 Kretith 和 Kreider[124]提出的拟合晴空条件下大气透明度系数的经验公式，误差范围为 3%；Z 为太阳高度角；σ 为坡度。

日地距离订正系数的计算公式如下：

$$\left(\frac{r_0}{r} \right)^2 = 1.0004 + 0.032359 \sin t + 0.000086 \sin 2t - 0.00835 \cos t + 0.000115 \sin 2t$$

$$（2-11）$$

式中，t 是时角，即

$$t = 2\pi (N - N_0) / 365.2422 \qquad （2-12）$$

式中，N 为当前日期在年内的顺序号。

$$N_0 = 79.6764 + 0.2422\,(年份-1985)-\text{INT}[\,(年份-1985)\,/4] \qquad (2\text{-}13)$$

2.3.3.2　太阳散射辐射

坡面散射辐射 E_{dif} 的计算参考 Li 等[125]改进的 Hay 的各向异性模式。坡面的散射辐射如下：

$$E_{\text{dif}} = E_{\text{dif}}'\left[V_a\frac{E_{\text{dir}}'\cos I}{E_{\text{ac}}\cos Z}+\frac{1}{2}V_d(1+\cos s)\left(1-\frac{E_{\text{dir}}'}{E_{\text{ac}}}\right)\right],\ 如果\cos I>0 \quad (2\text{-}14)$$

$$E_{\text{dif}} = E_{\text{dif}}'\left[\frac{1}{2}V_d(1+\cos s)\left(1-\frac{E_{\text{dir}}'}{E_{\text{ac}}}\right)\right],\ 如果\cos I\leqslant 0 \qquad (2\text{-}15)$$

式中，I 为太阳入射角；Z 为太阳高度角；s 为坡度；$\dfrac{E_{\text{dir}}'}{E_{\text{ac}}}=\tau$；$\tau$ 为大气透射率；E_{dif}' 为水平投影格网的散射辐射；V_d 为各向同性可见因子；V_a 为环日可见因子。

2.3.4　基于 Hargreaves 公式法的潜在蒸散发计算

潜在蒸发量是指充分供水下垫面（即充分湿润表面或开阔水体）蒸发/蒸腾到空气中的水量，又称可能蒸发量或蒸发能力。目前用于估算潜在蒸散发量的方法很多，按其计算机理可以分为基于能量的潜在蒸散发估算法、基于温度的潜在蒸散发估算法和基于空气动力学法的潜在蒸散发估算法。由于各种方法对输入资料的要求不尽相同，因此其适用性也不同。

彭曼方法是一种具有较强物理意义的潜在蒸散发估算方法，且在水文循环模拟中广泛使用[126-128]。该方法需要的输入数据包括太阳辐射、气温、风速和相对湿度等，在观测资料缺乏的山区流域，这些信息往往难以准确提供，一般需要通过各种经验公式换算，但计算结果的不确定性增大。已有研究者[117]比较了不同潜在蒸散发计算法对资料匮乏山区径流模拟精度的影响，发现采用对输入数据要求较少的 Hargreaves 公式法估算得到的径流模拟结果明显优于彭曼方法。因此，本研究选用 Hargreaves 公式法计算玛纳斯河上游潜在蒸散发量，计算公式[129]如式（2-16）所示：

$$E_p = 0.00094\times H_0\times(T_{\max}-T_{\min})^{0.5}\times(T_{\text{ave}}+17.8) \qquad (2\text{-}16)$$

式中，E_p 为潜在蒸散发（mm/d）；H_0 表示大气外太阳辐射常量[MJ/（$m^2 \cdot d$）]；T_{max}、T_{min}、T_{ave} 分别为日最高气温（℃）、日最低气温（℃）和日平均气温（℃）。

大气外太阳辐射常量 H_0 的计算公式为

$$H_0 = \frac{24}{\pi} G_{sc} d_r \left[\omega_s \sin\varphi \sin\delta + \cos\varphi \cos\delta \sin(\omega_s) \right] \quad （2-17）$$

式中，G_{sc} 为太阳常数，约 0.0820 MJ/（$m^2 \cdot min$）；d_r 为日地相对距离的倒数[见式（2-18）]；δ 为太阳赤纬[见式（2-19）]；φ 为纬度（rad）；ω_s 为时角[rad，见式（2-20）、式（2-21）]。

$$d_r = 1 + 0.033\cos\left(\frac{2\pi}{365} J \right) \quad （2-18）$$

$$\delta = 0.409\sin\left(\frac{2\pi}{365} J - 1.39 \right) \quad （2-19）$$

$$\omega_s = \frac{\pi}{2} - \arctan\left[\frac{-\tan\varphi \tan\delta}{X^{0.5}} \right] \quad （2-20）$$

$$X = 1 - \left[\tan\varphi\right]^2 \left[\tan\delta\right]^2 \quad 若 X \leqslant 0, X = 0.00001 \quad （2-21）$$

式（2-18）和式（2-19）中，J 为当前日期在年内的顺序号。

2.3.5　趋势分析法

本书采用 Mann-Kendall（M-K）趋势分析方法来检测气温、降水等气象要素的季节及年际变化规律。M-K 趋势分析方法是提取序列变化趋势的最为有效的工具，已被广泛用于评估气象水文要素序列趋势的检验分析中[130-132]。对于序列 $X_i=$（$x_1, x_2, x_3, \cdots, x_n$），该方法先确定所有对偶值（$x_i, x_j, j > i$）中 x_i 与 x_j 的大小关系，其方程如下：

$$S = \sum_{i=2}^{n} \sum_{j=1}^{i-1} \text{sgn}(x_i - x_j) \quad （2-22）$$

式中，sgn（＊）为符号函数；当 $x_i - x_j$ 小于、等于或大于零时，$\text{sgn}(x_i - x_j)$ 分别

为-1, 0 或 1。

M-K 统计量公式如下:

$$Z = \begin{cases} \dfrac{S-1}{\sqrt{\dfrac{n(n-1)(2n+5)}{18}}}, & S > 0 \\ 0, & S = 0 \\ \dfrac{S+1}{\sqrt{\dfrac{n(n-1)(2n+5)}{18}}}, & S < 0 \end{cases} \quad (2\text{-}23)$$

原假设为该序列是无趋势的,采用双边趋势检验,在给定显著性水平 α 下,在正态分布表中查得临界值 U。当$|Z|<U$ 时,接受原假设,即变化趋势不显著;若$|Z|>U$ 时则拒绝原假设,即认为该序列的变化趋势显著。Z 为正值表示增加趋势,负值表示减少趋势。Z 的绝对值大于等于 1.64 时,表示通过信度 95%的显著性检验。

2.4 气象要素特征分析

2.4.1 降水的变化特征

表 2-6 给出了玛纳斯河上游流域季节及年际降水变化 M-K 趋势检验统计值。图 2-4 为 1967~2007 年玛纳斯河上游降水量年际变化图及季节降水量分布图。结合图 2-4 及表 2-6 可以发现,40 年间年降水呈不断增加趋势,增幅为 16.4mm/10a,并通过了 95%的置信性检验。年降水的 67.2%发生在夏秋季节,而冬季降水仅占全年降水的 10.6%,可见流域降水的年内变化具有冬季降水少、夏秋季节降水丰沛的特征。此外,流域各季节降水均呈现增加趋势,但增加幅度及趋势的显著性在不同季节有所差别:增幅最大发生在夏季,达到 7.8mm/10a,且通过了 95%的置信性检验;而春季降水的增幅最小,仅 1.0mm/10a,且增加趋势不显著。

表 2-6　玛纳斯河上游各气象要素（1967~2007 年）年季趋势检验统计值

气象要素	年	春季	夏季	秋季	冬季
降水/（mm/10a）	**16.4**	1.00	**7.80**	1.48	**4.82**
日平均气温/（℃/10a）	**0.41**	0.42	**0.21**	**0.51**	0.72
日最高气温/（℃/10a）	**0.52**	0.55	**0.16**	**0.44**	0.47
潜在蒸发/（mm/10a）	5.39	1.96	0.14	**2.52**	0.47

注：黑体表示通过 95%置信度检验。

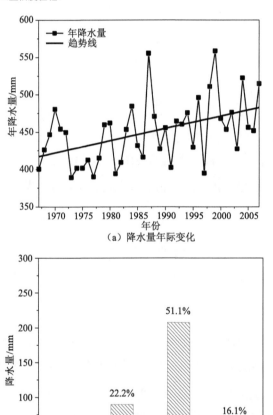

（a）降水量年际变化

（b）降水量季节变化

图 2-4　1967~2007 年降水量年际变化图及降水量季节分布图

　　多年平均降水量和季节平均降水量随高程变化的分布特征如图 2-5 所示，年平均降水量随高程的变化呈"S"形，整个变化趋势可以分为三段：第一段所

对应的高程从 900m 到 2500m，高程变幅为 1800m，降水量从 314mm 增加到
414mm，增幅为 100mm，在这一区间内降水量的递增率为 5.55mm/100m；第二
段所对应的高程从 2500m 到 3500m，相应的降水量从 414mm 减小到 370mm，
该区间降水量呈现随海拔增加而减少的趋势，降水量递减率为−4.4mm/100m；
第三段所对应的高程从 3500m 变为 5200m，相应范围内的降水量呈现随海拔增
加而增加的趋势，降水量递增率为 4.7mm/100m。总之，山区降水量随高程变化
呈现"增—减—增"的变化趋势，在中山带 2500m 处达到第一个降水量峰值，
约 414mm；而在河流源头最高处出现了降水量的第二个峰值，约 445mm。

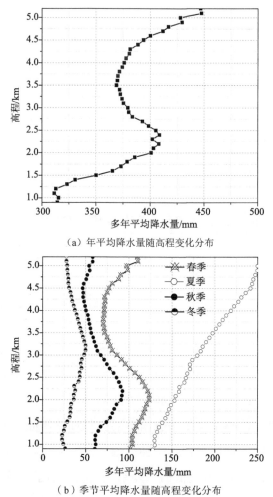

（a）年平均降水量随高程变化分布

（b）季节平均降水量随高程变化分布

图 2-5　1967~2007 年年平均降水量和季节平均降水量随高程变化分布图

季节降水的垂直变化特点呈现出显著差异性：春季及秋季的降水量随高程增加均呈现"增—减—增"的变化趋势，但其高程拐点不同，如春季、秋季的第二高程拐点分别是 3500m 及 4500m；夏季降水量随高程增加而增加，但4500~5200m 区域的降水量递增率明显于 4300m 以下的区域，两区域降水量递增率分别 4.17mm/100m、3.33mm/100m。而冬季降水量随高程变化呈现先增大后减小的变化趋势。

2.4.2　气温的变化特征

2.4.2.1　气温插值方法的精度评估

基于回归反距离综合法的气温模拟结果及实测气温数据，通过式（2-7）及式（2-8）计算 6 个气象测站的交叉检验结果统计指标，结果如表 2-7 所示。可见年平均气温绝对误差为 1.18℃，效率系数为 0.87，模拟效果较为理想。不同季节气温插值误差存在较大差异。绝对误差冬季最大，为 1.93℃；夏季最小，为 0.88℃。而效率系数在冬季达到最小值，为 0.77；在春、秋季都为 0.90 以上。其中夏季插值结果的精度总是优于冬季，该现象与其他学者[132]的研究结果一致。

表 2-7　回归反距离综合法计算结果与实测值的对比

项目	全年	春季	夏季	秋季	冬季
绝对误差/℃	1.18	0.92	0.88	1.01	1.93
效率系数	0.87	0.93	0.87	0.91	0.77

表 2-8~表 2-10 列举了原始方法（气温-高程关系法）和改进方法（回归反距离综合法）在典型站点的交叉检验结果统计值。结果表明大多数月份的效率系数均表现出原始方法小于或等于改进方法的特征，同时大多数月份的平均绝对误差表现出改进方法小于或等于原始方法的特征。由此可见改进方法对气温的模拟精度更高。根据肯斯瓦特站两种气温插值方法模拟值及实测值的对比图（图 2-6）可见，原始插值方法低估了夏季气温、高估了冬季气温，7 月、8 月模拟值与观测值的效率系数分别为–0.09、–0.02；而改进方法显著提高了夏季气

温的模拟精度，7 月、8 月模拟值与观测值的效率系数达到 0.87 以上，同时年平均绝对误差减少了 1.64℃。总之，相比于原始方法，改进方法提高了对日气温的模拟精度。

表 2-8　不同插值方法在典型水文测站的交叉检验结果评价（NSE）

时间	肯斯瓦特		煤窑		清水河子	
	原始方法	改进方法	原始方法	改进方法	原始方法	改进方法
1 月	0.23	0.86	0.60	0.34	0.21	0.68
2 月	0.54	0.83	0.79	0.01	0.60	0.63
3 月	0.90	0.91	0.75	0.59	0.85	0.84
4 月	0.57	0.96	0.53	0.71	0.63	0.91
5 月	0.28	0.94	0.20	0.77	0.40	0.93
6 月	0.29	0.93	0.16	0.71	0.37	0.83
7 月	−0.09	0.87	−0.50	0.71	0.07	0.84
8 月	−0.02	0.91	−0.29	0.68	0.11	0.81
9 月	0.37	0.91	0.21	0.76	0.39	0.87
10 月	0.76	0.95	0.75	0.80	0.83	0.90
11 月	0.94	0.96	0.89	0.81	0.93	0.91
12 月	0.50	0.82	0.69	0.29	0.48	0.66

表 2-9　不同插值方法在典型气象测站的交叉检验结果评价（NSE）

时间	乌兰乌苏		呼图壁		乌鲁木齐	
	原始方法	改进方法	原始方法	改进方法	原始方法	改进方法
1 月	0.72	0.77	0.74	0.75	0.61	0.73
2 月	0.77	0.84	0.77	0.78	0.73	0.81
3 月	0.90	0.95	0.91	0.95	0.90	0.92
4 月	0.93	0.95	0.92	0.97	0.86	0.91
5 月	0.89	0.92	0.89	0.96	0.79	0.88
6 月	0.84	0.90	0.85	0.93	0.76	0.86
7 月	0.79	0.81	0.79	0.90	0.62	0.75
8 月	0.83	0.81	0.84	0.91	0.62	0.76
9 月	0.90	0.88	0.90	0.94	0.78	0.82
10 月	0.91	0.93	0.91	0.96	0.81	0.85
11 月	0.85	0.89	0.88	0.94	0.85	0.90
12 月	0.86	0.88	0.87	0.89	0.71	0.74

表 2-10　不同插值方法在典型气象测站的交叉检验结果评价（MAE）

站名	原始方法/℃	改进方法/℃	站名	原始方法/℃	改进方法/℃
肯斯瓦特	2.58	0.94	乌兰乌苏	1.51	1.35
煤窑	2.75	2.08	呼图壁	1.50	1.26
清水河子	2.46	1.37	乌鲁木齐	1.69	1.26

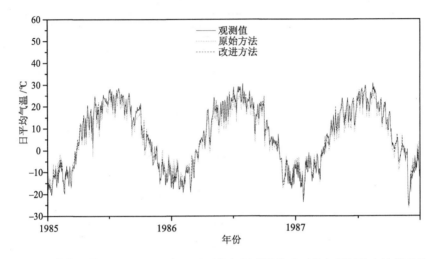

图 2-6　肯斯瓦特站 1985~1987 年逐日平均气温观测值及两种气温插值方法模拟值的对比图

2.4.2.2　日气温的变化特征

图 2-7 为玛纳斯河上游日平均气温年际变化及年内变化分布图。结合图 2-7 及表 2-6 给出的季节及年际日平均气温 M-K 趋势检验统计值，可以发现 40 年间（1967~2007 年）流域平均气温呈显著增加趋势，增幅为 0.41℃/10a。各季节气温也呈现增加趋势，但季节增加幅度及趋势的显著性有所差别：增幅最大发生在冬季，达到 0.72℃/10a，且增加趋势不显著；夏季气温的增幅最小，仅 0.21℃/10a，且通过了 95% 置信性的检验。此外，平均气温的年内变化呈单峰型，5~9 月月平均气温均大于 0℃，气温峰值在夏季的 8 月达到，约 6.2℃；其他月份的气温均在 0℃ 以下，最低气温出现在 1 月，为−14.1℃。

如图 2-8 所示，年平均气温随高程增加而降低，气温递减率为 0.41℃/100m。流域年平均气温最低值为−10.2℃，在流域最高海拔 5200m 处达到；而平均气温最高值出现在流域出山口附近，约 5.8℃。

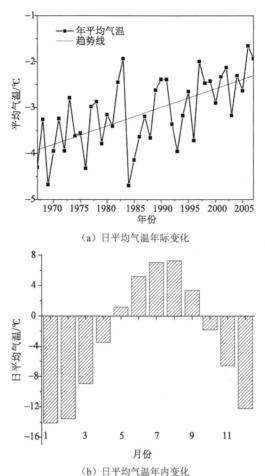

（a）日平均气温年际变化

（b）日平均气温年内变化

图 2-7　1967~2007 年日平均气温年际变化及年内变化分布图

相似地，季节平均气温也呈现随高程增加而降低的趋势，且同一高程处平均气温由高到低排列顺序为夏季>秋季>春季>冬季，四季气温在最高海拔处分别为-2.7℃、-7.5℃、-12℃、-17.5℃。但是，不同季节平均气温的变率存在差异：夏季的气温递减率最大，约 0.58℃/100m，秋季、春季次之，冬季最小；冬季气温在低山区 1800m 以下存在逆温现象，1800~5200m 区域内冬季气温的递减率约-0.22℃/100m。此外，不同季节 0℃等温线（零温线）所在高程具有差异性：夏季零温线高程为 4450m，是四季零温线高程的最大值；春季、秋季零温线高程差异较小，分别为 2500m 和 2900m；冬季不同高程处平均气温均小于0℃，因此不存在零温线。

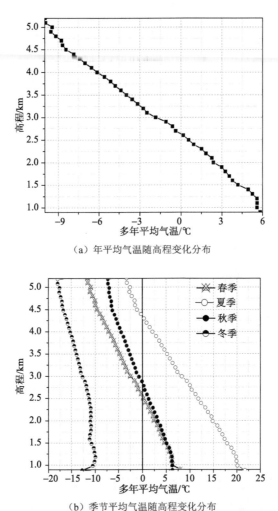

（a）年平均气温随高程变化分布

（b）季节平均气温随高程变化分布

图 2-8　1967~2007 年年平均气温、季节平均气温随高程变化分布图

　　图 2-9 为玛纳斯河上游日最高气温年际变化图及年内变化分布图。结合图 2-9 及表 2-6 给出的季节及年际日最高气温变化趋势检验统计值，发现流域年平均日最高气温呈显著增加趋势，增幅为 0.32℃/10a。流域各季节日最高气温也呈现增加趋势，但季节增加幅度及趋势的显著性有所差别：冬季增幅最大，夏季增幅最小。此外，4~10 月日最高气温均大于 0℃，峰值在夏季的 8 月达到，约 13.2℃。

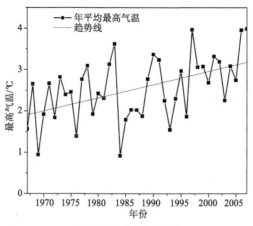

（a）日最高气温年际变化

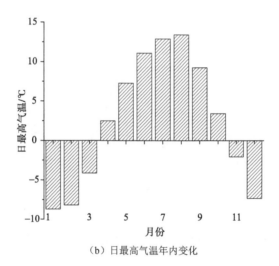

（b）日最高气温年内变化

图 2-9　1967~2007 年日最高气温年际变化及年内变化分布图

　　如图 2-10 所示，多年平均日最高气温的气温递减率为 0.38℃/100m。不同季节平均气温的变率存在差异：夏季的气温递减率最大，约 0.58℃/100m；冬季最小。此外，不同季节零温线所在高程具有差异性：夏季不同高程处日最高气温均大于 0℃，而冬季不同高程处日最高气温均小于 0℃，因此夏、冬季节不存在零温线；春季、秋季零温线高程分别为 3750m 和 4300m。

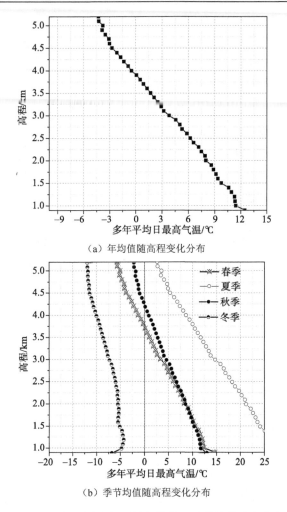

（a）年均值随高程变化分布

（b）季节均值随高程变化分布

图 2-10　1967~2007 年日最高气温的年均值、季节均值随高程变化分布图

2.4.3　潜在蒸发量的变化特征

图 2-11 为 1967~2007 年玛纳斯河上游潜在蒸发量年际变化和季节分布图。表 2-6 给出了玛纳斯河源区季节及年际气温变化 M-K 趋势检验统计值。可见 40 年间年潜在蒸发量呈增加趋势，增幅为 5.39mm/10a，但增加趋势不显著。季节潜在蒸发量的最高值发生在夏季，夏季蒸发量的百分比为 51.8%；其次为春季、秋季；流域冬季气温最低，因此冬季潜在蒸发量最小，仅占全年潜在蒸散发量的 3.1%。各季节潜在蒸发量也呈现增加趋势，但季节增加幅度有所差别：秋季增幅最大，夏季增幅最小。

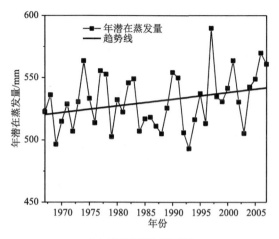

（a）潜在蒸发量年际变化

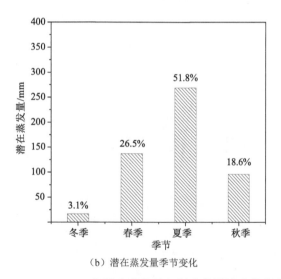

（b）潜在蒸发量季节变化

图 2-11 1967~2007 年潜在蒸发量年际变化图及季节分布图

如图 2-12 所示，年平均潜在蒸发量随高程增加而减少。与不同季节日平均气温的垂直分布相似，同一高程处季节潜在蒸发量由大到小排列顺序为夏季>春季>秋季>冬季。此外，季节潜在蒸发量也呈现随高程增加而减少的趋势。

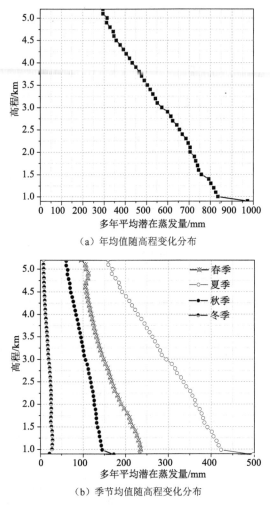

（a）年均值随高程变化分布

（b）季节均值随高程变化分布

图 2-12　1967~2007 年潜在蒸发量的年均值、季节均值随高程变化分布图

2.4.4　潜在太阳辐射的变化特征

　　1967~2007 年潜在太阳辐射的年际变化较小，多年平均潜在太阳辐射总量达 6609MJ/m^2，见图 2-13（a）。图 2-13（b）为流域潜在太阳辐射年总量的空间分布图，由图可见年潜在太阳辐射呈现从流域中心向四周逐渐增大的特征。流域中心处的年太阳总辐射<6000 MJ/m^2，而流域出山口附近、西部角以及东南角三处的年太阳辐射量>7000 MJ/m^2，为流域潜在太阳辐射最多的地区。

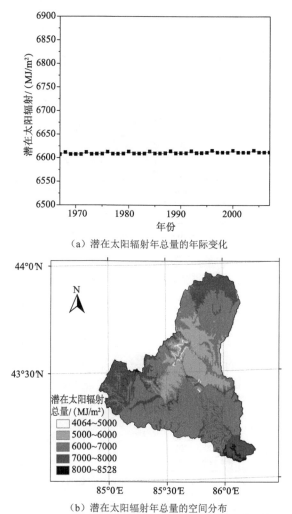

（a）潜在太阳辐射年总量的年际变化

（b）潜在太阳辐射年总量的空间分布

图 2-13　1967~2007 年潜在太阳辐射年总量的年际变化及空间分布图

　　图 2-14 为四季潜在太阳辐射的空间分布图，发现不同季节太阳辐射量大小依次为夏季>春季>秋季>冬季。据统计，各季节太阳辐射量占年总量的比例分别为 39.8%、32.6%、18.3%、9.3%。夏季由于太阳高度角较高，相比与其他季节，地理因子（纬度）和地形因子（坡度、坡向、地形遮蔽）对太阳辐射的影响较小，因此夏季太阳辐射量整体较高；而冬季则相反，不但太阳高度角较低，而且地理、地形因子对太阳辐射的影响也更加明显,因此冬季的太阳辐射量较小。不同季节下，流域中心均为太阳辐射稳定低值区，主要是由于流域中心处坡度较大，年内常出现坡度高于太阳高度角的情形，进而导致太阳直接辐射为 0。

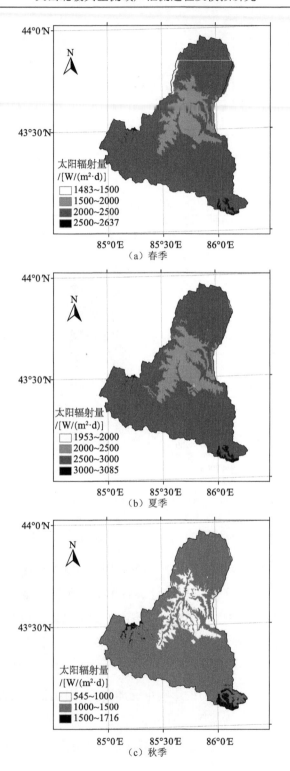

太阳辐射量
/[W/(m²·d)]
1483~1500
1500~2000
2000~2500
2500~2637

（a）春季

太阳辐射量
/[W/(m²·d)]
1953~2000
2000~2500
2500~3000
3000~3085

（b）夏季

太阳辐射量
/[W/(m²·d)]
545~1000
1000~1500
1500~1716

（c）秋季

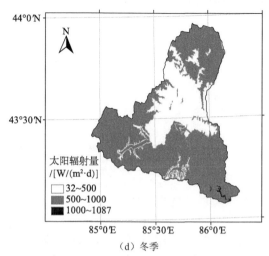

（d）冬季

图 2-14 不同季节潜在太阳辐射量[W/（m² · d）]的空间分布图

2.4.5 地面温度的变化特征

图 2-15 为玛纳斯河上游周边区域 5 个气象站点地面日平均温度的年际变化。由图可见流域不同高程处 1967~2007 年间地面平均温度均为增加趋势；但增幅各不相同，总体呈现随高程增加而增幅减小的趋势：增幅最小值为 0.35℃/10a，在高程为 975m 的乌鲁木齐站获得；而蔡家湖站点高程最低，具有最高增幅 0.97℃/10a。各气象站点地面平均温度的年内变化呈单峰型（图 2-16），峰值在夏季的 7 月达到；最低地面温度出现在 1 月，在−1.53~ −1.07℃范围内分布。此外，同一站点的地面日平均温度与日平均气温也存在显著的线性关系（图2-17）。

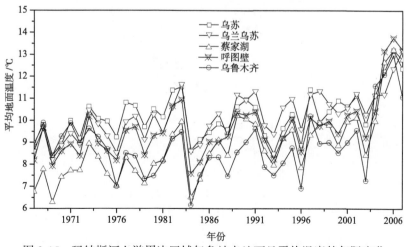

图 2-15 玛纳斯河上游周边区域气象站点地面日平均温度的年际变化

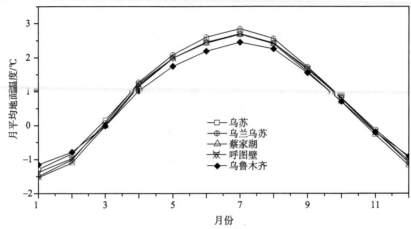

图 2-16　1967~2007 年玛纳斯河上游周边区域气象站点地面平均温度的年内分布图

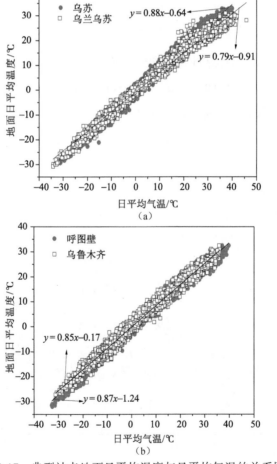

图 2-17　典型站点地面日平均温度与日平均气温的关系图

2.5　本章小结

玛纳斯河上游位于天山北坡，属于雨、雪、冰混合补给河流，流域地形复杂，水文气象观测站点稀疏，需要通过插值方法得到气象要素的空间分布信息。为了探索流域气象要素的分布规律，本章针对改进的气温–高程关系法推算高山缺资料区逐日气温中的不足，建立了一种适用于山区缺资料区的气温空间插值方法（回归反距离综合法），生成了该流域 1967~2007 年气温数据集；并利用交叉验证法对插值精度进行评估。结果表明回归反距离综合法具有良好的气温模拟能力，且该方法的插值精度明显优于气温–高程关系法。基于遥感数据、气象站点数据以及流域地形特征，通过降水空间插值模型、太阳辐射模型生成流域 1967~2007 年降水、潜在太阳辐射数据集，并分析了其分布特征。研究发现 1967~2007 年年降水量、季节降水量均呈显著增加趋势，降水量随高程变化呈现"增—减—增"的变化趋势。年平均气温、季节平均气温呈显著增加趋势，其中冬季气温增幅最大。受到太阳高度角及坡度、坡向等地形因素的影响，流域潜在太阳辐射的空间分布呈现从流域中心向四周逐渐增大的特征。

本研究利用基于 TRMM 卫星降水数据及站点降水数据的降水空间插值方法，生成空间日降水融合数据集。但由于观测站点稀缺，该方法在计算过程中仅采用了一个低海拔站点的资料，反演得到的高海拔山区日降水分布过程有待进一步验证。今后要加强高海拔山区气象要素的监测工作，深入研究高海拔山区气象要素的变化规律，为提高内陆河高寒山区产流过程模拟能力和预测奠定可靠基础。

第3章 天山山区流域关键水文过程及产流特征

3.1 天山山区流域典型水文过程剖析

3.1.1 积融雪过程

中国是中低纬度地区冰冻圈最发育的国家，寒区面积约占全国陆地总面积的 43%，稳定积雪区（积雪日数超过 60d）面积约 $4.20 \times 10^6 km^2$。在这些地区，积雪消融对春季径流的影响十分显著，对缓解干旱区春旱也具有重要作用。积融雪过程是天山山区流域的关键水文过程之一，包括了雪的累积、分布和损耗、雪的消融和融雪水的运移等。

3.1.1.1 积雪分布的影响因素

降雪在没有达到融化的条件时会形成积雪。储存在流域表面的积雪，是一种特殊的蓄水体，并对流域水文过程有一定程度的调蓄作用，因此积雪量是流域整体水量平衡的重要部分。

积雪在流域上的空间分布往往不均匀，除了降水的分布不均外，主要是由地形、植被、风速等多种影响因素引起。其中，地形因素包括高程、坡向和坡度。各因子对积雪分布的影响机制为：①高程是最显著的影响因素，常通过气温的垂向变化以及降水的高程梯度影响积雪分布。Jost 等[133]以加拿大融雪实验区为研究对象，按照不同高程、坡向、植被条件等原则选取 19 个区域，在每个区域取 60 个测点的雪深样本，以建立雪水当量与植被、高程、坡向等因子的回归关系。研究表明，高程、植被和坡向因素可解释积雪空间分布变化的80%~90%，其中高程对积雪空间分布的影响最显著。②不同坡向接受的太阳辐射量存在较大差异，引起融雪速率的不同，进而造成积雪空间分布的差异。Anderton 等[134]通过野外积雪观测站网，分析不同坡向积雪量的差异，发现阴坡的积雪量大于阳坡，阳坡的融雪速率大于阴坡。③坡度主要通过重力滑坡作用影响积雪的空间分布。Schmidt 等[135]通过高分辨率航拍图对比分析发现瑞士阿尔卑斯山的峡谷区瞬时雪线与等高线并不重合；在悬崖的走向方向，雪崩发生在坡度大于 37°的区域，并引起积雪的再分布。④植被常通过截雪作用来影响积雪分布。在植被的影响下，积雪截留在冠层，且容易受风、辐射等因素的影响直接升华[136]。如在森林覆盖区，约 60%的降雪被冠层截留[137, 138]。

3.1.1.2　积雪的消融及蒸发

太阳辐射是积雪融化的主要能量来源[139]。地面接收的太阳短波辐射受雪面反射率的影响，冬季时雪面反射率高，且太阳高度角较低，积雪吸收到的太阳辐射量较少。到了春天，陈旧的积雪颜色变暗致使雪面反射率下降，同时太阳高度角也逐渐增大，雪面吸收的太阳辐射量显著增加，为积雪融化提供了充足能量。

影响积雪融化率的因素包括地形、植被、积雪的累积时间等：①不同坡向接受太阳辐射的差异，引起融雪率的差异；②植被常通过树冠对太阳辐射的反射作用来影响雪面吸收的太阳辐射量，进而影响融雪率；③雪变陈旧后雪面的反射率降低，积雪融化率变大。

积雪蒸发是由固态水转化为气态水的升华过程，积雪接收的能量主要来源于从近地大气层中获得的感热通量和雪面获得的净辐射通量。研究表明，由于积雪在可见光区有较高的反射率以及在多数气候条件下雪面与空气间的水汽压梯度过小的缘故，这两项能量造成的积雪蒸发都十分有限。

3.1.1.3　融雪水的入渗过程

融雪水入渗是寒区标志性的水文过程之一，对寒区春季产汇流过程起到至关重要的作用。发生在非寒区的降水入渗指降雨渗入包气带的过程，而寒区融雪入渗过程通常包括两个阶段，分别为融雪水在积雪中的入渗阶段和包气带融层入渗阶段[140]（图 3-1）。

（1）融雪水在积雪中的入渗过程。当积雪达到融化条件后，在雪面形成的积雪融水首先入渗到雪层内部。其入渗过程与在土壤中的入渗过程类似，但由于冻融过程的交替出现，雪层中液态水和固态颗粒伴随着冻融过程而相互转化，因此融雪水在积雪中的入渗过程比土壤水的入渗过程更复杂[141]。

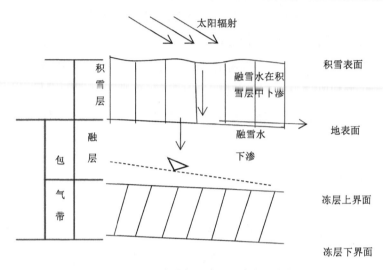

图 3-1　融雪水入渗过程的概念图

　　在融雪水入渗积雪过程中，入渗水到达之处形成上下明显不同的两个区，两区的交界面称为湿润锋面。在锋面以上的积雪层，为 0℃等温的湿雪层；在锋面以下的积雪层，为温度低于 0℃的干雪层。此处的湿润锋面定义只是为了区别干湿状态，与下渗的锋面意义不同。积雪有如同土壤一样的持水能力。随着融雪水持续渗入并浸润积雪下层，下层含水量不断累积。当下层含水量达到饱和时，积雪内部开始有水流出到积雪层和包气带交界的地表面。

　　（2）融雪水在包气带融层入渗的过程。随着温度持续升高，在春季融雪时，原本冻结的土壤包气带也自上而下开始融化，会在地表和尚未融透的冻层之间出现一个融层。在融雪水量足够多且超过地表入渗能力的情况下在地表形成超渗产流，还有部分融雪水入渗到包气带融层。由于包气带冻土层的渗透能力很小且远小于包气带融层，因此当地表入渗率大于融层底部下渗速度时，在融层底部会形成相对不透水层；当融层土壤含水量达到田间持水量后，出现蓄满产流[140]。

3.1.2　冰川水文过程

3.1.2.1　冰川的积累与消融

　　冰川是寒冷地区多年积雪经过变质作用形成，在重力作用下自行运动并具有一定形态的冰体，在我国乃至全球水资源的构成中占有重要地位。我国冰川大多数分布在海拔 3500m 以上的区域，因地形、高程、气候等因素的影响，冰川的规模大小不一，分布也很不均匀。冰川积累是向冰川提供物质的过程，主要方式是降雪、吹雪和雪崩。冰川消融指冰川上物质的损耗过程，且大部分消融发生在冰川表面。若冰川积累量大于消融量，则有利于冰川的发育；如果积累量小于消融量，则引起冰川的退缩。冰川变化主要指冰川厚度、面积的变化。目前诸多冰川研究者结合野外观测及遥感资料，提出了很多冰川面积与体积的经验公式（表 3-1）。

表 3-1　冰川面积–体积公式列表

冰川面积–体积公式	文献来源
$V=0.04S^{1.35}$	Liu 等[142]和刘时银等[143]
$V=0.0285S^{1.357}$	Chen 和 Ohmura[144]
$V=0.0298S^{1.379}$	Macheret 等[145]
$V=0.0365S^{1.375}$	Valentina 和 Regine[146]
$V=0.03S^{1.314}$	Moore 等[147]

如图 3-2 所示，在平面上以冰川雪线（又称物质平衡线）为界，划分为上下两层，分别称为积累区和消融区。在积累区降雪量大于冰川消融量，冰川在该区形成并不断积累；在消融区冰川消融量总体上大于降雪积累量，在冬季气温较低时形成冰川积累，夏季温度较高时则逐渐消融，甚至露出冰川表面[98]。

冰川消融过程主要受太阳辐射以及由气温、水汽含量和风速梯度而引起的感热和潜热通量所制约[148]。实验结果表明，我国中低纬度高山冰川热量收入项主要以太阳辐射为主，其次是感热和潜热。如天山乌鲁木齐河源 1 号冰川的热量平衡组成中，收入项辐射平衡占 84.4%；而在热量平衡的支出项中，多数冰川以冰面消融耗热占绝对优势，其比率达 80%~90%。

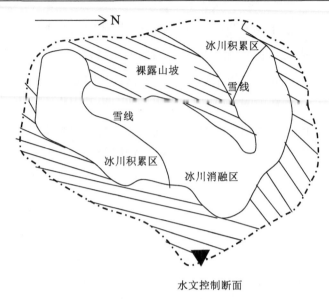

图 3-2　乌鲁木齐 1 号冰川示意图

3.1.2.2　冰川区融水径流

1. 冰川融水径流的形成

冬季时高寒山区气温均在零度以下，春末夏初时，气温逐渐上升至零度以上，高山上的冰雪开始融化，所以冰川融水径流属于季节性径流[149]。在消融季节可根据消融量的多少分为弱消融期和强消融期。春末夏初（4~5月）和夏末秋初（9~10月）为大陆性冰川的弱消融期；在弱消融期，气温还不太高，并且有较大波动，冰川表面由于有积雪覆盖通常有较高的反射率，在此时期冰川的消融量不大，而且绝大多数的消融水下渗到雪层中，只有少量能形成冰面径流，而进入雪层中又没有被排泄出的融雪水，夜间温度较低时再次冻结成冰，形成春秋季的附加冰。夏季（6~8月）为大陆型冰川的强消融期，冰舌上冬春季节的积雪逐渐全部消融，冰面消融强度逐渐增大从而开始形成径流；融水首先以薄层漫流的形式在冰川表面出现，然后形成条带状、树枝状或网状等形态的水流，通过冰面沟道下泄并汇入河流，成为山区河流径流的组成部分。冬季（当年 12 月~次年 2 月），气温降低到 0℃以下，大陆型冰川的消融活动停止，冰川融水活动期结束。

2. 冰川融水径流的组成

天山地区冰川属于大陆型冰川，具有气温低、雪线高的特征。由于温度相对较低，冰川积累区只能产生少量的融水径流，所以在冰川总消融中只占有很小的比重，通常可以忽略。据乌鲁木齐河源 1 号冰川长期观测数据估算，积累区的消融量平均仅占总消融量的 6.6%，其中大部分融水下渗参与冰川成冰作用过程，能产生径流的融水更小。

冰川消融区的融水主要包括季节性积雪融水、夏季降水和纯冰融水三种。通常用下式表示消融区的径流组成：

$$R_a = R_w + R_s + R_i \qquad (3\text{-}1)$$

式中，R_a 为冰川消融区径流（mm）；R_s 为冰川消融区内季节性积雪融水径流（mm）；R_w 为冰川消融区夏季降水径流（mm）；R_i 为冰川消融区裸冰融水径流（mm），天山地区的裸冰融水径流主要以裸露冰面消融形成的径流为主，冰内和冰下融水径流可忽略。

3. 冰川融水径流的特征

受气温和辐射的影响，冰川融水径流具有明显的日变化特征，径流的日内过程呈单峰型，在午后气温最高时达到径流峰值[98, 150]。冰川融水径流年内变化受气候条件制约，其形态和洪峰大小是气温和降水等要素综合影响的结果。在大陆性气候条件下的高纬度和高海拔的大陆型冰川（如祁连山、天山山区冰川），消融期一般为 5~9 月，共约 153d，且冰川融水径流高度集中在 6~8 月，约占消融期径流量的 85%~95%。

3.1.3　冻土水文过程

冻土的冻融过程是影响高寒山区径流形成的又一重要因素。由于土壤热状况和物理力学性质的不断变化，冻土区水分运移呈现出与无冻地区不同的规律和特点。认识冻土冻融过程，了解冻土对水文过程的影响，对合理概化冻土水文过程，正确进行寒区径流过程计算等具有重要意义[151]。

冻土是指在 0℃以下时，含有冰的各种岩石和土壤[148]。一般可分为多年冻土（持续冻结时间在数年）、季节冻土（持续半月至数月）以及瞬时冻土（数小时至半月）。在中国，多年冻土又称永久冻土，其中不连续冻土的年平均气温一般在-0.8~2.0℃之间[141]。季节冻土的年平均气温在8~14℃，最低月平均气温小于0℃，该类型冻土冬季冻结，夏季完全融化，冻结时间常常超过一个月。冻结时间在1个月以内的冻土为瞬时冻土，年平均气温一般在18.5~22.0℃之间。根据我国1:1000万的冻土分布图，天山北坡分布有季节性冻土以及多年冻土。

3.1.3.1　冻土冻融的变化规律及影响因素

1. 季节性冻土冻融的形成过程

土壤季节性冻融过程呈现出单向冻结和双向融化的特点。土壤季节性冻融过程（图3-3）分为不稳定缓慢冻结阶段（AB段）、快速而稳定冻结阶段（BC段）、不稳定融化阶段（CD段）、融化阶段（DEF段）四个阶段。曲线ABCDEF为季节性冻土在冻融过程中冻结和融化锋面的发展进程线。

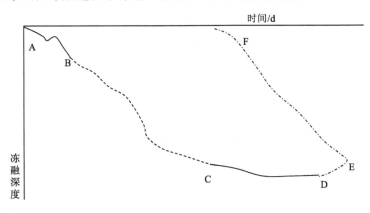

图 3-3　土壤冻融过程

不稳定缓慢冻结阶段（AB段）：该阶段土壤表层经历着夜冻昼融的间歇性冻融过程，主要发生在初冬。如在北方哈尔滨市万家灌区冻土试验区，夜间冻土冻结深度达2~6cm，在第二天中午左右融化；土壤冻层多为粒状结构，冰晶在土粒周围聚集但彼此分离。

快速而稳定冻结阶段（BC段）：气温低于0℃之后，随着气温的逐渐降低和地表负积温的增加，冻结锋面从地面开始逐渐向深处发展，冻结深度以较快的速度稳定增加，冻层内的液态水含量持续减少，土壤冻层为密实状结构。

不稳定融化阶段（CD 段）：白天 0℃以上的气温持续时间增长，但夜晚气温仍然是负温，表层土壤又开始经历夜冻昼融的间歇性冻融过程，而冻结锋面继续向深处发展，直至达到最大冻结深度。这一时期的土壤冻层特点是：①地表蒸发作用增强，使表层土壤含水率减小；②达到最大冻结深度。

融化阶段（DEF 段）：随着外界气温继续回升，地表出现消融层；同时由于受到地下热量的作用，冻层的下层也出现融化现象。此阶段土壤冻层的特点是：①消融层厚度逐渐增大；②土壤蒸发量逐渐增加。

2. 冻土冻融的影响因素

冻土冻结与融化受多种因素的影响，主要包括气温、纬度、高程、植被类型以及坡向等。其中气温是决定冻土形成、发育和演化的决定性因素，也是划分冻土类型的重要指标。因气温存在地带性，不同海拔上冻土类型也不同。高山地区冻土通常冬季冻结，夏季融化，但冻结和融化的时段在不同地区和不同地形条件有很大的差异。

地表负积温是指冻结期间温度稳定通过 0℃且转变成负温之后温度绝对值的累积之和。地表负积温的变化决定了土壤冻结深度的大小，该指标在季节性冻土冻融过程的研究中广泛使用。

3.1.3.2　冻土对水文过程的影响

冻土活动层的冻融过程对寒区水分循环和水资源平衡有着极其重要的作用，也是影响寒区径流形成的重要因素。冻土对水文过程的影响主要包括以下几个方面[152]：

1. 不透水作用

冻土形成的不透水层（即冻结层）引起了包气带厚度变化，改变了降雨径流的影响层。在解冻初期，地表面为冻土不透水层的上边界，包气带厚度基本等于零，降雨由于难以下渗而直接成为地表径流。随着温度逐渐升高，包气带厚度随着冻土解冻深度的增加而增厚，包气带入渗量增大。当冻土完全解冻时，包气带厚度恢复到不受冻土影响的状态。同时，不透水层的存在也减小了降水对地下水的补给。

2. 蓄水作用

土壤水分冻结后，增加了前期土壤蓄水量，类似于地下水库，长时期的调节土壤水分，并作为前期蓄水量而影响解冻期的降雨径流关系。在解冻过程中，以融化锋面为分界线将包气带划分为上下两层，上层包气带的蓄水量由入渗量和土壤蒸散发量决定，下层蓄水量由冻结期的土壤含水量决定。

3. 抑制蒸发作用

由于冻土解冻需要热量，消耗了大部分地表通过热交换吸收的热量，同时由于冻土层较厚且温度较低，地表热交换作用十分微弱，因此从土壤提供地表蒸发的热量相对减少。

3.2　天山山区产流机制分析

1. 产流方式基本符合蓄满产流

新疆地处干旱半干旱地区，降水稀少蒸发强烈。但新疆山区相对湿润，气候、土壤质地和植被覆盖具有如下特征：高山带分布有永久性冰川积雪，岩石破碎；中山带植被良好，降水丰富，土层薄而疏松；低山带覆盖层较厚，土壤表层透水性差，降水少，对山区径流的补给作用较小。根据上述特性，可以判断新疆山区具有湿润半湿润地区的产流特征[153]。乌鲁木齐河源区位于天山北坡，研究表明，流域年平均径流系数在 0.5 以上，少有历时短强度高的暴雨[154]，难以满足超渗产流产生的条件，因此超渗产流产生的可能性非常小，尤其对冰雪融水径流而言，更不可能发生超渗。另外，由于冻土的不透水作用，土壤蓄水容量减小，降水入渗后的土壤更容易达到田间持水量。因此，天山山区的产流方式基本符合蓄满产流。

2. 与湿润区的蓄满产流机制有很大差别

与非冻土区相比，冻土区的产流方式及参数由于受冻土冻融过程的影响而呈现出季节性变化的特征[155]。

在冻土层融冻初期，冻土不透水层上边界到达地表，导致包气带很薄，在此期间产流机制主要是饱和地面径流。温度升高以后，不透水上边界下移，融冻深度和包气带厚度增加，壤中流逐渐增加。由于冻土的不透水作用依然存在，土壤中水分几乎无法补给地下水，所以难以产生地下径流，只存在地面径流和壤中流两种径流成分。当冻土全部解冻后，冻土不透水层消失，上层土壤水可以向下转移，产流方式与非冻土区相同。

随着冻土的冻结与消融，土壤蓄水容量呈动态变化。在融冻初期，包气带厚度近于 0，流域蓄水容量可近似取 0。随着气温的升高、融冻深度的增加，包气带厚度增厚，流域蓄水容量增加。

3. 山区地形复杂，径流补给源多样，产流的机制复杂且空间分布不均匀性显著

山区流域径流的补给方式为冰雪融水及雨水的混合补给，其中高山区补给以永久性冰雪融水为主，中山带季节性融雪水与降雨同时参与产流，而低山带补给源为降雨。由于融雪水和融冰水是山区河川径流的重要补给来源，因此冰雪消融量的模拟精度对流域水量平衡和水文过程计算有着重要影响。山区地形复杂多样，引起冰雪融水的空间分布极不均匀，为准确模拟冰雪融水过程带来了挑战。此外，山区生态系统显著的垂直地带性以及冻土活动层变化引起土壤参数变化等特征，进一步加剧了产流机制的复杂性。

3.3　本章小结

为了构建适用于天山山区的水文模型，本章解析了积融雪、冰川的累积消融、土壤冻融等关键寒区水文过程的物理机制，阐明了天山山区的产流机制特征。受冰雪累积消融过程和冻土冻融过程的影响，天山山区的产流机理有着自身的独特特征：天山山区少有历时短强度高的暴雨，难以满足超渗产流产生的条件，再加上冻土的不透水作用，天山山区的产流方式基本符合蓄满产流；不同于湿润区的蓄满产流机制，天山山区的产流方式及参数由于受冻土冻融过程的影响而呈现出季节性变化的特征；山区地形复杂，径流补给源多样，产流的机制复杂且空间分布不均匀性显著。

第4章 高寒山区分布式水文模型的构建及应用

4.1 模型构建思路

天山山区河流以冰雪融水和雨水混合补给为主，产流空间异质性显著，因此需要构建一种考虑下垫面条件及气象输入空间异质性的分布式水文模型。该类模型大都基于数字高程模型（DEM）构建，根据模型构建框架的差异，可分为2种类型[43]：

（1）紧密耦合型分布式水文模型。这种模型通过数理方程描述流域各计算单元之间的时空关系。如 SHE 模型等，通常也认为该类模型是具有物理基础的分布式水文模型。

（2）松散耦合型分布式水文模型。这类模型从传统概念性集总模型发展而来，在每一个网格计算单元或子流域上的产流量计算中仍采用概念性的产流方法，然后汇流演算至流域出口断面。如目前的分布式新安江模型和 SWAT 模型等。

紧密耦合型分布式水文模型依据质量、能量与动量三大守恒定律，采用微分方程组等数学物理方法描述流域产汇流过程。该方法理论严谨，但在资料匮乏的山区，由于边界条件难以准确确定及流域下垫面条件的高度复杂性，常常难以得到数学物理方法的精确解[148]。因此，本研究在构建适用于高寒山区的分布式水文模型过程中，利用一些简单的物理概念对复杂水文物理过程进行概化，分布式水文模型构建方式为松散耦合式。

天山山区的气候特点及下垫面特点，决定了特殊的产汇流特征，从而要求模型结构具备以下特点：①能够反映由于冻土的冻结或消融引起的土壤蓄水容量动态变化的能力；②反映复杂地形区冰雪消融量空间分布异质性高及冰雪过程动态变化的特征。

综上所述，本研究在构建天山山区流域水文模型中，拟重点开展 3 方面研究：①提出能反映地形对冰雪及冻土区产流影响的高寒区流域空间离散化方法；②合理概化冻土活动层蓄水容量变化过程，建立基于动态蓄水容量的冻土产流计算模式；③充分考虑积温、坡度坡向对冰雪消融的影响及冰雪过程动态变化的特性，建立有效计算复杂地形区冰雪融水量时空分布特征的方法。

4.2　模　型　结　构

本研究采用了松散耦合的方式构建分布式寒区水文模型，即在每一个水文响应单元上使用类似于概念模型的方法计算产流量，再进行河网汇流演算，最后求得各子流域出口断面径流过程。模型基本结构见图 4-1，主要包括单元水文模块及河网汇流两部分。

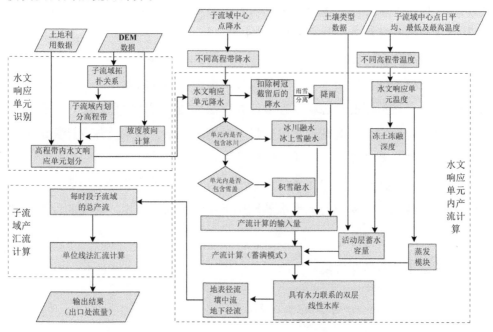

图 4-1　天山山区分布式水文模型结构图

单元水文模块是分布式水文模型的核心部分，涉及冠层截留、冰雪消融、蒸散发、土壤水分变化、产流、分水源等水文物理过程。本研究在构建单元水文模型时，以 HBV-D 模型为基础，在产流计算模式中增加了冻土冻融对土壤含水量和土壤蓄水容量影响的描述，改进了积雪消融计算模块，建立了考虑冰川面积变化的冰川融水径流计算方法。

结合图4.1，单元水文模块的结构可概括为4个部分：

（1）蒸散发计算：采用Hargreaves方法计算潜在蒸散发，实际蒸散发量的计算包括冠层截留蒸发和土壤蒸发两部分，详见4.2.3节。

（2）HRU内产流补给量的计算：除雨水外，冰雪融水也是高寒山区径流的重要补给源。响应单元内的降水，首先要经过树冠截留扣损，然后根据温度阈值法对剩余水量进行雨雪分离计算，得出降雨量及降雪量；若响应单元内含有冰川，则冰川区产流补给量为冰上降雨量、冰川融水、冰上雪融水之和；若响应单元内不含冰川，但有积雪覆盖时，则产流补给量为降雨量及积雪融水之和；若响应单元内无冰雪覆盖，则产流补给量仅为降雨量。雪层内融雪水出流量及冰川融水的计算方法分别详见4.2.4节、4.2.5节。

（3）考虑冻土水文特性的产流计算：可分为3个步骤，即①结合部分研究者的野外土壤冻融实验结果、平均气温与地面平均温度的统计关系，建立基于累积气温及土壤类型的动态蓄水容量计算方法，确定蓄水容量；②计算包气带内未冻结土壤含水量；③基于蓄水容量、土壤未冻结含水量及蒸发计算法进行产流量的计算。各步骤的详细计算过程见4.2.6节。

（4）水源划分：采用联通的双层线性水库法进行水源划分：地表径流和壤中流用上层线性水库模拟，地下水基流用下层线性水库模拟，详细的计算方法见4.2.7节。

4.2.1　流域空间离散化方案

4.2.1.1　典型松散耦合型分布式水文模型空间离散化方案

目前广泛使用的典型松散耦合型分布式水文模型包括HBV-D、SWAT模型等。SWAT模型是基于2级式子流域划分法构建的一种分布式水文模型。2级式子流域划分法（图4-2）指先将自然流域离散为多个子流域，考虑到子流域单元内地表覆盖、土壤的异质性，将具有相同地表覆盖、土壤组合的部分聚合并构成水文响应单元（HRU），作为水循环过程计算的基本单元。SWAT模型的HRU

基本单元由土地利用、土壤类型和坡度共同定义，通过阈值划分。

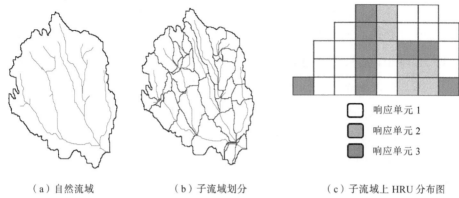

（a）自然流域　　　　　（b）子流域划分　　　　（c）子流域上 HRU 分布图

图 4-2　SWAT 模型的空间离散方案

　　HBV-D 模型为 HBV 模型的演变版，是由 Krysanova 等[156]于 1999 年提出的概念性分布式水文模型。该模型的空间离散方案为 3 级子流域法，首先将自然子流域离散为多个子流域，然后在子流域上划分多个高程带，针对高程带内地表覆被的空间异质性，进一步在高程带上划分多个 HRU。

　　尽管以上模型均在寒区水文过程模拟研究中被广泛使用，但这些模型的空间离散化方案对控制冰雪消融空间分布的地形因素及冰川动态变化的特性均考虑不足，导致在此基础上发展的水文模型难以较好地模拟复杂地形区冰雪融水时空分布特征。

4.2.1.2　分布式水文模型流域空间离散方案的改进

　　本研究结合天山山区流域的水文气象特征，针对上述子流域划分法中存在的不足，提出了子流域—高程带—基于土地利用及坡向复合式 HRU 的高寒区流域空间离散方法（图 4-3）：①基于 DEM 数据将流域离散为若干个子流域；②考虑到山区降水气温垂直梯度性显著，在每个子流域上进一步划分高程带；③高程带上水文响应单元的划分。以高程带为基础，通过高程带内坡向、土地利用数据的聚类分析得到水文响应单元（HRU），保证同一水文响应单元内坡向及土地利用类型唯一。若单元内土壤类型有明显变化时，有关的水文参数采用面积权重法计算确定；④动态冰川水文响应单元的确定，以步骤③得出的冰川

HRU 为基础，实现冰川 HRU 的动态变化。结合天山北坡冰川面积的变化率，本研究中设定冰川面积的更新频率为 1 年：若某一冰川 HRU 内的冰川面积在年内没有变化，则相应冰川 HRU 的地理位置不发生变化；若冰川 HRU 内的冰川面积在年末减小，则将该冰川 HRU 内由于冰川面积退缩而生成的非冰区（低海拔处）去除，剩余的冰川区保留并作为新的冰川 HRU。被去除的非冰川区与相邻 HRU 合并，相邻 HRU 的面积增加。若冰川 HRU 内的冰川面积在年末增大，则将该冰川 HRU 周围海拔较高处的非冰川区设为冰川区，并与原冰川 HRU 合并作为新的冰川 HRU。

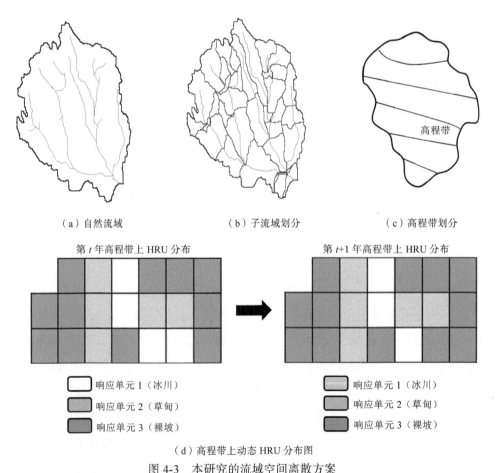

（a）自然流域　　　　　　　（b）子流域划分　　　　　　　（c）高程带划分

图 4-3　本研究的流域空间离散方案

该空间离散方案具有自己的优点与特色：①不同于 SWAT 等模型的仅基于

土壤、土地利用信息构建 HRU 划分规则，本研究增加了影响冰雪融水空间异质性的控制因素，如高程、坡向，并结合下垫面类型建立 HRU 划分标准。该划分法可将具有复杂地形特征的子流域离散为多个地形特征相对一致的 HRU，为构建具备真实反映复杂地形区冰雪消融空间异质性能力的水文模型奠定了基础。②提出了动态冰川水文响应单元划分法，弥补了传统子流域-水文响应单元法中冰川的位置信息及空间动态变化信息缺失，无法准确计算复杂地形区冰川融水分布特征的不足。

4.2.2　降水气温的矫正

模型的气象输入数据包括各子流域中心点的降水、气温时间序列。其中降水数据通过基于 TRMM 卫星产品及站点数据的降水空间插值方法（2.3.1 节）获取；日最高、最低及平均气温通过回归反距离综合法（2.3.2.2 节）获取。考虑到站点测量雨量的损失以及误差的传递性质，基于气象观测数据插值而获取的模型输入数据在用于产汇流计算之前需要进行修订。计算降水量和降雪量可使用不同的修正因数，如下式：

$$px = pk \times P \qquad (4-1)$$

$$若 T \leqslant T_x, sx = sfcf \times P \qquad (4-2)$$

式中，px、sx 分别为修正后的降水量及降雪量（mm）；T 为日平均气温（℃）；T_x 为积雪形成的阈值温度，取常数 0℃；P 为日降水量（mm）；pk 和 sfcf 分别为降水量、降雪量修正因子。

4.2.3　蒸散发计算

蒸散发是流域水量平衡计算中重要的组成部分。据资料统计，在湿润地区约 50% 的年降水量消耗于蒸散发，在干旱地区约 90% 的年降水量消耗于蒸散发。由于流域蒸散发量受多种因素影响，直接观测十分困难，通常只能采用间接的方法来推求。其中潜在蒸散发采用 Hargreaves 方法计算，方法介绍详见 2.3.4 节，实际蒸散发量的计算包括冠层截留蒸发和土壤蒸发两部分。

1. 冠层截留蒸发计算

参考 HBV-D 模型的冠层截留蒸发计算方法,本研究不考虑植被的动态变化,设定不同植被类型的截留容量为常数,其取值由参数 ICMAX 确定,见表4-1。

表 4-1　植被类型及对应的部分参数表

植被类型	植被截留容量 ICMAX/mm	控制土壤蒸发的阈值参数 LP
森林	4	0.6
灌木	2	0.7
农业	2	0.9
草地	2	0.7

冠层蒸发的计算思路为若潜在蒸发量小于冠层截留水量,则冠层截留水以潜在蒸发量蒸发,反之,冠层水量全部蒸发。公式如下:

$$若 W_g \geqslant E_p 时, \ E_t = E_p; E_s = 0 \tag{4-3}$$

$$若 W_g < E_p 时, \ E_t = W_g; E_s = E_p - W_g \tag{4-4}$$

式中,W_g 为冠层截留量(mm);E_t 为冠层蒸发量(mm);E_s 为剩余蒸发能力(mm)。

2. 土壤蒸发计算

当剩余蒸发能力大于 0 时,土壤蒸发才会发生。如图 4-4 所示,土壤蒸发主要由一个阈值参数 LP 控制。当土壤含水量与田间持水量的比值超过阈值 LP 时,实际蒸发量与潜在蒸发量相等;当比值小于 LP 时,实际蒸发则随着土壤含水量的减少呈线性递减。计算方法如下:

$$若 SM \geqslant FC' \times LP, \ E_\alpha = E_s \tag{4-5}$$

$$若 SM < FC' \times LP, \ E_\alpha = E_s \times SM / (FC' \times LP) \tag{4-6}$$

式中,SM 为土壤含水量(mm);FC'为蓄水容量(mm);LP 为阈值参数,随植被类型而变化;E_α 为土壤蒸发量(mm)。

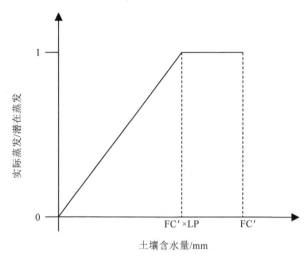

图 4-4 实际蒸发、潜在蒸发及土壤含水量关系图

4.2.4 冰雪消融计算

图 4-5 为积融雪模型结构示意图，主要包括了降水形式的判别、雪储量的动态变化、积雪融化、雪层中液态水的再冻结及雪层中融雪水出流等过程。

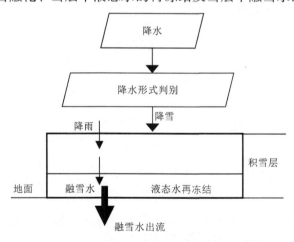

图 4-5 积融雪模型结构示意图

1. 降雨与降雪的判断

根据温度阈值法，可判断降水是固态还是液态。计算公式为

$$若 T > T_x, P_r = P; P_s = 0 \qquad (4\text{-}7)$$

$$若 T \leqslant T_x, P_r = 0; P_s = P \qquad (4\text{-}8)$$

式中，P 为日降水量（mm）；T 为日平均气温（℃）；T_x 为积雪形成的阈值温度（℃）；P_r 为日降雨量（mm）；P_s 为日降雪量（mm）。

2. 雪蓄量的变化

$$若 T \leqslant T_s, SS_t = SS_{t-1} + P_{s,t} + SSW_{t-1} \qquad (4\text{-}9)$$

$$当 T > T_s, SS_t = SS_{t-1} + P_{s,t} - M_{act,t} \qquad (4\text{-}10)$$

式中，SS_{t-1} 和 SS_t 分别为第 t–1 和 t 天的积雪量（mm）；T_s 为积雪消融的阈值温度（℃）；$P_{s,t}$ 为第 t 天降雪量（mm）；$M_{act,t}$ 为第 t 天的实际融雪量（mm）；SSW_{t-1} 为第 t–1 天的融雪水再冻结量（mm）。

3. 融雪量计算

度日因子法已被诸多寒区水文模型（如 HBV、SWAT 模型等）用于计算潜在融雪量，计算公式如下：

$$若 T \geqslant T_s, M_{pot,t} = CFMAX \times (T - T_s) \qquad (4\text{-}11)$$

$$若 T < T_s, M_{pot,t} = 0 \qquad (4\text{-}12)$$

式中，T_s 为积雪消融的阈值温度（℃），取常数 0℃；$M_{pot,t}$ 为第 t 日的潜在融雪量（mm）；CFMAX 为度日因子 [mm/（d·℃）]。

度日因子是融雪模型中最为重要的参数，该因子由于受辐射影响而呈现季节变化，同时因纬度、山地坡向的显著差异而呈现空间变化。在地形复杂的山区，整个流域内使用同一度日因子显然不符合实际。能量平衡方程虽然具有较强的物理机制，但对数据要求较高，在资料匮乏的山区也不适用。为了更好地描述山区积雪消融的空间异质性，本研究以 Hock[157]提出的修正度日法为基础，构建了考虑太阳辐射及累积积温的修正度日因子法，公式如下：

$$若 TT \geqslant 0, M_{pot,t} = cc \cdot TT + I_{pot} \cdot cx \qquad (4\text{-}13)$$

$$若 TT < 0, M_{\text{pot},t} = 0 \qquad (4\text{-}14)$$

式中，TT 为日积温（℃）；$M_{\text{pot},t}$ 为第 t 日的潜在融雪量（mm）；cc 为融化因子[mm/(℃·d)]；cx 为积雪辐射因子[mm·m²/(d·W)]；I_{pot} 为晴空下太阳辐射量（W/m²）。

第 t 天实际的融雪量 $M_{\text{act},t}$ 受上一天末雪蓄量及当天潜在融雪量的影响，计算公式为

$$M_{\text{act},t} = \min(M_{\text{pot},t}, \text{SS}_{t-1}) \qquad (4\text{-}15)$$

4. 积雪中液态水的再冻结过程

影响第 t 天积雪中液态水再冻结量 SSW_t 的因素包括第 t 天雪包中的液态水量（$\text{WCT}_{t-1} + P_{\text{r},t} + A_{\text{act},t}$）以及潜在再冻结水量（$\text{SSW}_{\text{max},t}$），计算公式为

$$\text{SSW}_t = \min(\text{SSW}_{\text{max},t}, \text{WCT}_{t-1} + P_{\text{r},t} + M_{\text{act},t}) \qquad (4\text{-}16)$$

$$\text{SSW}_{\text{max},t} = \text{SSC} \cdot \text{SS}_t \qquad (4\text{-}17)$$

式中，SSC 为再冻结系数；$P_{\text{r},t}$ 为第 t 日降雨量（mm）；WCT_{t-1} 表示第 $t-1$ 天雪包中的液态水量（mm）；$M_{\text{act},t}$ 为第 t 天的实际融雪量（mm）（式 4-15）。

5. 融雪水出流量的计算

由于雪具有持水能力，所以积雪中的融水量不能立即流出，而是当雪层中液态水量（WCT_t）达到某一阈值后，融雪水出流才会发生，模型中将融雪水出流的阈值设定为 0.2。

$$若 \text{WCT}_t \leqslant (\text{SS}_t + \text{SSW}_t) \cdot 0.2, \ R_{\text{s}} = 0 \qquad (4\text{-}18)$$

$$若 \text{WCT}_t > (\text{SS}_t + \text{SSW}_t) \cdot 0.2, \ R_{\text{s}} = \text{WCT}_t - (\text{SS}_t + \text{SSW}_t) \cdot 0.2 \qquad (4\text{-}19)$$

式中，R_{s} 为雪层中融雪水出流量（mm）。

4.2.5　冰川模块

冰川区融水 R_{gla}（mm）通常由三种成分组成：冰川上的液态降水 P（mm）、

冰川上积雪融化形成的融雪水 R_s（mm）以及纯冰的融水量 M_{ice}（mm）。本书在计算冰川融水时，考虑了冰上雪的消融式（4-20）。若冰上覆盖有积雪，则冰川区融水仅有两种成分，即冰川上的液态降水 P（mm）、冰川上积雪融化形成的融雪水 R_s（mm）。只有冰上无雪盖时，冰川消融才会发生。

$$R_{gla} = P + R_s + M_{ice} \cdot A_{ice} \qquad （4\text{-}20）$$

冰川消融量的计算方法主要有水量平衡法、能量平衡法、经验公式法等。但受资料及观测条件的限制，大部分方法没有应用条件。目前，寒区水文模型常采用集总的方式处理冰川消融过程，忽略了冰川的空间位置信息及面积的动态变化，运用经典的度日因子法计算冰川的消融量。而在天山山区，冰川度日因子具有较高的空间非均匀性，而且冰川一直处于退缩状态，1972~2013 年玛纳斯河上游冰川面积减小了 159km² （变化率–24.6%），可见集总式的冰川消融计算法无法精准地再现天山山区冰川消融量。针对此不足，本研究构建了考虑冰川动态变化的消融量计算方法。

1. 冰川融水量计算法

冰川的消融量主要受太阳辐射和大气热传导量两个因素的影响，因此采用如下修正的度日模型进行冰川消融量的计算：

$$若 TT > 0 且 SS = 0, M_{ice} = cc \cdot TT + I_{pot} \cdot cx_{ice} \qquad （4\text{-}21）$$

$$若 TT \leqslant 0 或 SS > 0, M_{ice} = 0 \qquad （4\text{-}22）$$

式中，TT 为日积温（℃）；SS 为冰上积雪量（mm）；M_{ice} 为冰川消融量（mm）；cc 为融化因子[mm/(℃·d)]；cx_{ice} 为冰川辐射因子[mm·m²/(d·W)]；I_{pot} 为晴空下潜在太阳辐射量（W/m²）。

2. 冰川面积的变化

根据观测研究发现，山谷冰川的几何形状与冰川体积的关系可用如下公式表达同文献[144]：

$$A_{\text{ice}} = \left(\frac{V_{\text{ice}}}{m}\right)^{1/n}$$　　　　（4-23）

式中，A_{ice} 指冰川面积（km^2）；V_{ice} 为冰川体积（km^3）；m 和 n 为常数。根据 Liu 等[142]对中国西北地区的冰川研究，通常 m 取 0.04，n 取 1.135。

采用如下方程描述冰川物质水当量与冰川体积以及冰川面积的关系[158]：

$$V_{\text{ice}} = \frac{W_{\text{g}} \cdot A_{\text{ice}}}{\rho_i}$$　　　　（4-24）

式中，W_{g} 为冰水当量（mm）；ρ_i 为冰川容积密度，通常取 0.9 g/cm^3。冰川面积更新频率设置为 1 年。若已知冰川初始面积，可基于式（4-23）推算冰川初始体积，然后基于式（4-24）及计算的年冰川径流深来确定融化冰川的体积，最后结合式（4-23）推算冰川面积变化量。

4.2.6　考虑冻土水文特性的产流计算模块

产流计算模块主要包括动态蓄水容量计算、包气带内未冻结土壤含水量的计算及产流量计算三部分。

1. 活动层蓄水容量动态变化的计算

在土壤冻融规律方面部分学者已经取得了一系列研究成果[98, 159]，但是受制于资料的限制和冻融过程的复杂性，对冻融机理的认识还不深入。目前计算土壤冻融水量的主要方法有能量平衡法、实测资料法和经验公式法。由于对输入数据要求不高等优势，经验公式法成为资料匮乏区冻土水文过程模拟的常用方法。如关志成等[96]假定土壤蓄水能力是时间的线性函数及积雪融化结束是土壤完全解冻的标志，认为在积雪开始融化到融化结束的整个时段内，土壤蓄水容量从 0 线性增大到无土壤冻结状态下的最大值。事实上，这样的假设缺乏实测数据与理论的支持，其适用性有待商榷与验证。为了科学描述活动层内蓄水容量的动态变化，本研究结合前人的野外观测实验结果及统计学理论，提出了基于累计积温的活动层动态蓄水容量计算方法。

本书构建的动态蓄水容量计算方法的推导过程如下：

假设冻土化通后包气带深度为 $H_{参}$，土壤蓄水容量为 FC；冻土存在时，包气带深度为 $H_{融}$，土壤蓄水容量为 FC′，则有

$$\frac{\mathrm{FC}'}{\mathrm{FC}} = \frac{H_{融}}{H_{参}} \qquad (4\text{-}25)$$

Ding 等[160]结合观测实验发现，土壤冻融过程中的冻融深度与土壤正积温的平方根存在显著的线性关系，具体计算公式为

$$H_{融} = k(T_{\mathrm{acc}})^{0.5} \qquad (4\text{-}26)$$

将式（4-26）代入式（4-25），可得

$$\mathrm{FC}' = k(T_{\mathrm{acc}})^{0.5}\,\mathrm{FC} / H_{参} \qquad (4\text{-}27)$$

式中，FC 及 $H_{参}$ 均可根据 HWSD 土壤数据库[161]中土壤参数（土壤类型、植物根系深度）确定；但地表土温累计量 T_{acc} 的空间观测值不易获取，此处根据地表日平均温度与日平均气温存在显著的线性关系（图 2.17），进一步推导出气温正积温（$T_{\mathrm{acc,air}}$）与活动层土壤蓄水容量（FC′）的关系式：

$$\mathrm{FC}' = \mathrm{DT} \cdot (T_{\mathrm{acc,\ air}})^{0.5}\,\mathrm{FC} / H_{参} \qquad (4\text{-}28)$$

式中，DT 表示控制活动层蓄水容量的系数。

2. 活动层中土壤含水量的计算

消融期开始时，以解冻锋面为界，包气带分为活动层（上层）和冻结层（下层）两部分，主要水文过程发生在活动层。假设在第 t 天，包气带中活动层土壤含水量为 SW_t，冻结层的等效土壤含水量为 SWD_t，相应的活动层深度为 $H_{融1}$；在第 $t+1$ 天，随着气温升高，活动层深度增大，相应的活动层深度增加为 $H_{融2}$，包气带中活动层土壤含水量为 SW_{t+1}，冻结层的等效土壤含水量为 SWD_{t+1}。

本研究设定第 t 天冻结层水分的释放量 F_t 与当天减少的冻结层深度呈线性关系，则可推导出

$$F_t = \mathrm{SWD}_t \times (H_{融2} - H_{融1}) / (H_{参} - H_{融1}) \qquad (4\text{-}29)$$

$$SW_{t+1} = SW_t + F_t \tag{4-30}$$

$$SWD_{t+1} = SWD_t - F_t \tag{4-31}$$

而在冻结期，伴随着气温的降低和地表负积温的增加，冻结锋面从地面开始逐渐向深处发展，即地面形成不透水层。此阶段不需要计算活动层中土壤含水量的动态变化。

3. 产流计算方法

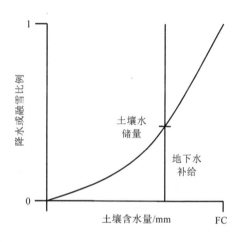

图 4-6　土壤模块示意图

产流计算采用蓄满产流方法，主要过程见图 4-6。由图可见，当土壤含水量在一定阈值以下时，水量用于土壤水储存，由图中的曲线可以查得此时降水或者融雪所占的比例；当土壤含水量超过这个阈值时，则水量参与地下水交换，此时在曲线上也可以查得降水或者融雪所占的比例。而当已知降水或者融雪所占的比例时，根据曲线关系同样可以查得此时的土壤含水量。曲线关系如式（4-32）所示：

$$\frac{R}{P} = \left(\frac{\text{SM}'}{\text{FC}'}\right)^{\beta} \tag{4-32}$$

式中，R 是产流量（mm）；P 是降雨或者冰雪融水量（mm）；SM′指活动层内土壤含水量（mm）；FC′是活动层蓄水容量（mm），计算方法见式（4-28）；

β 是确定降雨或者冰雪融水对径流贡献比例的参数。

4.2.7　水源划分

水源划分用于描述不同径流成分的形成过程，可以简单地概化为两层线性水库，见图 4-7。地表径流和壤中流用上层线性水库模拟，地下水基流用下层线性水库模拟。两层线性水库通过一个渗透率常数连接。

图 4-7 中的 SUZ 是指上层水库储水量（mm），SLZ 是指下层水库储水量（mm），UZL 是阈值参数（mm），KUZ1 是壤中流的出流系数，KUZ2 是地表径流的出流系数，KLZ 是基流的出流系数，Q_i 是不同的径流成分。

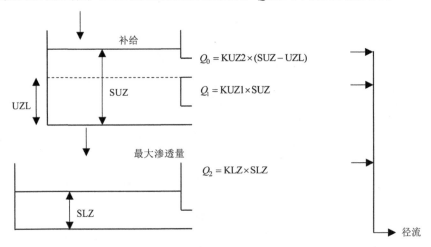

补给

$Q_0 = \text{KUZ2} \times (\text{SUZ} - \text{UZL})$

SUZ

$Q_1 = \text{KUZ1} \times \text{SUZ}$

UZL

最大渗透量

$Q_2 = \text{KLZ} \times \text{SLZ}$

SLZ

径流

图 4-7　水源划分模块示意图

不同径流成分 Q_i 的计算公式为

$$\text{若} \text{SUZ} > \text{UZL}, Q_0 = \text{KUZ2} \times (\text{SUZ} - \text{UZL}); \quad Q_1 = \text{KUZ1} \times \text{SUZ} \quad （4\text{-}33）$$

$$\text{若} \text{SUZ} \leqslant \text{UZL}, Q_0 = 0; \quad Q_1 = \text{KUZ1} \times \text{SUZ} \quad （4\text{-}34）$$

$$Q_2 = \text{KLZ} \times \text{SLZ} \quad （4\text{-}35）$$

4.2.8　流域汇流计算

参照 HBV-D 模型中的汇流计算方法，本书采用基于流速空间分布的子流域单位线法进行汇流，该方法利用栅格 DEM 数据，通过计算流域空间分布式流速场确定每一个网格的汇流时间,进一步统计出子流域内汇流时间的概率密度分布函数,即子流域单位线。

1. 空间流速场的建立

降雨到达地面以后,在空间上以不同的流速向流域出口汇集。计算每个单元网格流速的方法有很多[162],如 Calver 基于坡地上任一点的流速与该点距水系的距离间的关系提出了一种流速计算方法。该方法将网格单元的径流路径分为坡地和河网两部分,并分别取不同的流速。坡面上的流速 V_x 为到达河系径流路径 x 的函数:

$$V_x = k_0 + k_1 x + k_2 \times x^2 + k_3 \times x^3 \tag{4-36}$$

类似的,河道中的流速是沿着河道到达流域出口距离的函数。多位学者的实践表明很难用数值方程计算出式(4-36)的流速关系[163]。式(4-36)假定地面流速为到达河道的距离的函数,而流速显然受到地形地貌的影响,因此这一假定与实际情况并不符合。

Maidment 等[162]将坡面流速与坡度 S 建立函数关系:

$$V = k \times S^b \tag{4-37}$$

式中,k 和 b 为系数。

如果将式(4-37)用于整个流域,流速沿河道的变化则不能忽略,因为随着水系下游水深和水力半径增加,河道摩阻系数会减小,下游流速呈逐渐增加的趋势。有学者通过示踪实验证明,流速在较大流量时趋于稳定值,且通常下游流速比上游大[164,165]。所以本研究中流速计算公式只考虑空间变化,不考虑时间变化:

$$V = k \times S^b \times A^c \tag{4-38}$$

式中,V 为网格单元流速;S 为坡度;A 为上游汇水面积;实验证明,$b=c=0.5$ 是比较合适的参数取值[153]。

2. 网格汇流时间

由于 DEM 中存在相邻格点高程差为 0 的平坦区域,此时根据式(4-38)计算得到的流速为 0，造成径流长期滞留在网格单元，明显与实际情况不符。因此在计算流速之前，必须先对 DEM 进行一定的预处理。本研究将平坦区高程差设置为 0.5m[166]，以消除坡度为 0 的计算单元网格[166]。

基于每个网格的平均流速，水流在每个网格单元上的滞留时间可用下列公式计算：

$$\Delta\tau = L / V \qquad\qquad (4-39)$$

$$\Delta\tau = \sqrt{2}L / V \qquad\qquad (4-40)$$

式中，L 和 V 分别为网格边线长度（m）和水流速度（m/s）；$\Delta\tau$ 为水流在每个网格单元上的滞留时间。

水流方向平行于网格边线和网格对角线时，分别用式（4-39）和式（4-40）计算水流在单元格上的滞留时间，按照式（4-41）即可计算得出每个单元格中径流的汇流时间：

$$\tau = \sum_{i=1}^{m}\Delta\tau_i \qquad\qquad (4-41)$$

式中，m 为径流路径上的网格数。

按照以上方法，计算所有网格单元的汇流时间，基于子流域内各网格汇流时推算出汇流时间的概率密度分布函数，即子流域单位线。

4.3　与常用寒区水文模型的比较

本书构建的模型与常用寒区水文模型结构的比较见表 4-2。与其他模型相比，本书构建的模型特点可概括为 4 个方面：

（1）提出了子流域—高程带—基于土地利用及坡向复合式 HRU 的高寒区流域空间离散方法。该方案引入影响冰雪消融的地形控制因素——高程和坡向，并结合下垫面类型建立 HRU 划分准则，依据该划分准则可将地形复杂的子流域离散为多个地形特征相对一致的 HRU，为更好地模拟复杂地形区冰雪消融量的空间分布奠定了基础。考虑到冰川径流的模拟精度对流域水量平衡和水文过程的重要影响及冰川动态变化的特性，方案中还针对性地提出了动态冰川 HRU 划分法，该方法的优点为：保证了冰川 HRU 内仅存有冰川区，为实现基于 HRU 的冰川融水径流的空间分析提供了支撑。而 SWAT 模型、HBV 模型的 HRU 划分方法，对地形因素及冰川动态变化的特性均考虑不足，因此这些模型难以支撑复杂地形区冰雪融水分布特征的研究。

（2）考虑了冰川面积的动态变化。与 HBV-D 模型相比，本模型在计算冰川径流融水量时考虑了冰川的动态变化。该方法能有效提高冰川融水量的模拟精度，而且为多步率定法的应用提供了可能。多步率定法先利用冰川遥感资料率定模型的部分参数，再利用出口观测径流量率定模型剩余参数；可减少模型参数的不确定性，而且有利于获取可靠性更高的空间水文过程变化特征。

（3）构建了同时考虑累积积温项和太阳辐射项的冰雪消融计算模式。与 SWAT 等模型相比，本书采用了考虑太阳辐射、累积积温影响的冰雪消融计算模式，能更准确、有效地计算冰雪消融量的空间分布。而 SWAT 模型中的度日因子法，忽略坡度、坡向等对消融的影响，无法精确表征冰雪消融的实际物理过程。

（4）提出了基于动态蓄水容量的冻土蓄满产流模式。借鉴动态蓄水容量的概念，用于描述由包气带冻土的冻结与消融引起的冻土活动层深度的增加或减少，进而引起包气带内土壤蓄水容量变化。本研究考虑冻土活动层变化对流域蓄水容量和实际蒸发的影响，发展了考虑高寒区不同土壤类型及累积积温的动态蓄水容量计算方法；建立了土壤相对湿度幂指数型的蓄满产流计算方法，构建了基于动态蓄水容量的冻土蓄满产流模式。由于多年及季节性冻土广泛分布于天山山区，模型采用考虑冻土水文效应的产流模式更符合实际。而在 SWAT 模型、HBV-D 模型中，均未考虑冻土对水文过程的影响。

表 4-2　各模型空间离散方案及寒区水文过程的比较

水文模型	空间离散方案					寒区水文过程		
	高程	坡向	植被类型	土壤类型	冰川面积动态变化	冰川	积雪	冻土
HBV-D	√		√	√		√	√	
SWAT			√	√			√	
SRM	√					√	√	
本研究构建的模型	√	√	√	√	√	√	√	√

注：表中"√"表示模型可描述的水文过程或构建空间离散方案时考虑的因素。

4.4　模型数据库及水文响应单元识别

4.4.1　地形数据库

随着 3S 技术的发展,利用地理信息系统软件进行自动提取流域特征已变得相当普遍。DEM 精度越高,可反映的流域空间分布特征越精细。但基于这种高分辨率网格的分布式水文模型往往需要较大的计算机容量及较长的计算时间,且未必能提高模型模拟精度。为了提高计算效率,往往需要选择合适的空间尺度进行水文计算。目前常用方法为将高分辨率的 DEM 进行数据重采样生成研究所需分辨率的网格 DEM。

本书利用 ArcGIS 中的 spatial analysis 模块,将分辨率为 90m 的 DEM 数据(国际科学数据服务平台)进行重采样,生成空间分辨率为 250m 的网格数据。并用于流域水系的生成以及坡向(图 4-8)、坡度(图 4-9)等地形特征因子的提取。

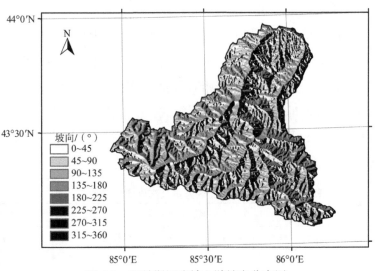

图 4-8　玛纳斯河流域上游坡向分布图

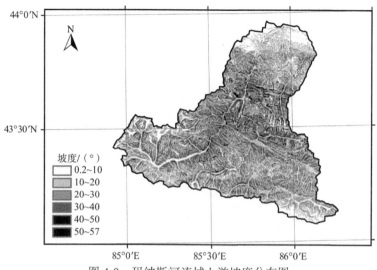

图 4-9　玛纳斯河流域上游坡度分布图

4.4.2　土地利用数据库

冰川覆盖高的山区人类活动较少，因此土地利用类型随时间的变化几乎可以忽略。本研究使用的土地利用数据来源于中国资源环境数据库 2000 年版的卫星地图，采用了 HBV-D 模型土地利用类型划分标准，包括山地、森林、灌木、农业、岩石、城市、草地、湿地、裸土等 12 种。为了获得符合上述标准的土地利用类型，还需对中国资源环境数据库 2000 年版的土地利用类型进行重新分类。

研究中采用的冰川数据来源于伦道夫冰川编目（RGI3.2, randolph glacier inventory 3.2）[166]。该编目有冰川属性信息以及空间信息，包括冰川编号、经纬度及面积等，且冰川数据获取时间为 20 世纪 60~70 年代。

由于从中国资源环境数据库中获取的流域冰川面积比 RGI3.2 数据集中的面积偏大，本研究还需以 RGI3.2 冰川编目为基准对土地利用图进行修正。然后将土地利用图中未被识别的冰川区域设定为裸土类型，以保证流域总面积在修正前后相等。修正后的土地利用覆盖分类及分布如表 4-3 所示。

表 4-3　玛纳斯河上游土地利用覆盖分类及其分布

土地覆盖数据库编号	土地利用覆盖类型	面积比例
2	林地	4.78
3	灌木丛	0.09
4	岩石	26.12
6	城市	0.01
9	草地	47.56
10	湖泊湿地	0.02
12	裸地、荒地	8.50
13	冰川	12.92

4.4.3　土壤数据库

土壤栅格数据来源于联合国粮食及农业组织网站的 HWSD（harmonized world soil database）数据，分辨率为 1km。土壤数据提取时，需要提取的土壤属性包括土壤的含砂量、黏土含量、土壤参考深度、有机碳含量等。

模型运行所需的土壤参数为田间持水量。田间持水量的计算方法如下：

$$\theta_{33t} = -0.251S + 0.195C + 0.011\text{OM} + 0.006(S \times \text{OM}) \\ - 0.027(C \times \text{OM}) + 0.452(S \times C) + 0.299 \tag{4-42}$$

$$\theta_{33} = \theta_{33t} + \left[1.283(\theta_{33t})^2 - 0.374(\theta_{33t}) - 0.015 \right] \tag{4-43}$$

式中，θ_{33} 为田间持水量（体积百分比）；S、C、OM 分别表示沙含量、黏土含量及有机物质含量（质量百分比）。

4.4.4　气象数据库

气象数据包括四大类，分别为用户建立的子流域中心点的位置及高程文件，降水、气温变化率文件，日降水文件以及日气温文件。子流域中心点也称为质心点，其经纬度计算方法如下式所示：

$$x_{\text{c}} = \frac{\sum S_i \cdot x_i}{S} \tag{4-44}$$

$$y_c = \frac{\sum S_i \cdot y_i}{S} \qquad (4\text{-}45)$$

式中，x_c、y_c 分别表示中心点的经度（°）、纬度（°）；S_i 表示子流域内第 i 个网格的面积（km^2）；S 表示子流域面积（km^2）；x_i、y_i 分别为子流域内第 i 个网格的经度（°）、纬度（°）。

表 4-4 列出了各子流域中心点的经纬度及高程信息，可见第 16 子流域中心点的高程值最大，达 3984m。

表 4-4　子流域中心点信息

子流域编号	经度/（°）	纬度/（°）	高程/m	子流域编号	经度/（°）	纬度/（°）	高程/m
1	85.96	43.94	896	16	85.07	43.43	3984
2	86	43.72	2481	17	85.79	43.46	2418
3	85.99	43.87	1459	18	85.95	43.45	2935
4	85.8	43.85	1145	19	85.73	43.45	2705
5	85.94	43.82	1811	20	85.8	43.43	2465
6	85.75	43.75	2028	21	85.35	43.45	3767
7	85.85	43.72	2324	22	85.9	43.25	3577
8	85.65	43.73	2761	23	85.58	43.33	3530
9	85.74	43.67	2378	24	85.72	43.27	3392
10	85.72	43.61	2486	25	85.19	43.45	3599
11	85.83	43.58	3577	26	85.29	43.35	3654
12	85.59	43.62	3042	27	86.03	43.33	2947
13	85.74	43.53	2854	28	86.15	43.15	3357
14	85.43	43.55	3495	29	86.07	43.12	3318
15	85.54	43.46	3224				

模型的气象输入为各子流域中心点的日降水、日最高、日最低及平均气温。日降水数据采用本书 2.3.1 节的方法推求，日最高、日最低及平均气温通过本书 2.3.2 节中的回归反距离综合法估算。

4.4.5　水文响应单元（HRU）的识别及分析

由本书 4.2.1.2 节中描述的流域空间离散化方法可知，要划分水文响应单元，首先应构建流域土地利用、土壤类型及坡向类型数据库。土地利用类型数据库、土壤类型数据库的构建分别见 4.4.2 节、4.2.3 节。为了简化计算，本研究中涉及的坡向数据库仅包括阴坡和阳坡两种类型。水文响应单元识别的具体过程为：①将研究区划分为 29 个子流域，并将各个子流域按照其最高、最低高程，划分为 10 个高程段；②将每个高程段内土地利用覆被图层、坡向图层进行叠加分析，生成 HRU，每个 HRU 中土地利用类型及坡向类型均唯一。按照上述方法，玛纳斯河上游的 29 个子流域被划分为 1441 个 HRU。各子流域的 HRU 特征见表4-5，可见子流域内 HRU 个数范围为 14~82，面积最小者为 0.05km²，最大可达 27.03 km²。

表 4-5　不同子流域 HRU 统计特征

子流域编号	HRU 个数	HRU 最大面积/km²	HRU 最小面积/km²	子流域编号	HRU 个数	HRU 最大面积/km²	HRU 最小面积/km²
1	14	0.32	0.06	16	68	14.50	0.12
2	60	27.03	0.05	17	18	0.25	0.06
3	33	5.52	0.06	18	56	7.62	0.06
4	48	20.87	0.19	19	36	2.44	0.06
5	41	6.16	0.07	20	20	1.44	0.06
6	42	3.18	0.06	21	51	5.22	0.06
7	55	4.36	0.06	22	59	23.55	0.06
8	43	4.12	0.06	23	61	22.68	0.06
9	62	5.12	0.06	24	56	12.10	0.06
10	26	1.10	0.06	25	62	7.48	0.06
11	53	7.05	0.06	26	82	19.46	0.04
12	48	9.69	0.12	27	71	19.49	0.10
13	51	10.33	0.06	28	61	5.97	0.06
14	51	11.74	0.08	29	54	5.54	0.06
15	59	14.62	0.06				

4.5　模型参数敏感性分析

通常情况下水文模型的参数需要率定和验证，其计算量也随着参数的增多而直线增大，敏感性分析则为参数的筛选提供了有力工具。敏感性分析可以确定参数对模型模拟结果的影响，若仅率定敏感性参数可大大减少模型率定的工作量。

整体上，参数敏感性分析方法可以分为局部敏感性分析和全局敏感性分析两种类型。其中局部敏感性分析指改变某个参数的取值，同时保持其他参数取值不变，以此来探索该参数的变化对模型响应变化的影响程度；全局敏感性分析则同时改变多个参数的取值，以此来探索这些参数的变化对模型响应变化的影响程度[167]。全局敏感性分析方法主要有 Morris 法[168]、回归法[169]、Sobol 法[170]、EFAST 法[171]等。Morris 法通过微分的方法来计算逐个参数的敏感性，所需计算量较小。Sobol 法与 EFAST 法是通过方差分析的方法将模型模拟结果的方差分解为各个参数的方差和参数间的方差，计算量相对较大。

　　全局敏感性分析具有分析每一个参数与其他参数之间相互作用对模型结果影响的特点，因而被广泛应用到水文模型的参数优化计算中[172]。本研究使用 Morris 法对模型中的参数进行全局敏感性分析，筛选出对模型输出结果影响较大的参数。

4.5.1　Morris 法

　　Morris 法最早由 Morris[168]于 1991 年提出，随后经 Campolongo 等[173]进行改进。此方法对于参数众多且运算负荷较大的模型具有较好的适用性。

　　Morris 法先将每个参数的取值范围映射到 0~1，并将其离散化为 p 个水平，模型中的参数 x_i 只能从集合 $\{0, 1/(p-1), 2/(p-2)\}$ 中取值，构成 n 维 p 水平的采样空间，依据一次变化法的试验设计对参数进行随机采样。第 i 个参数的基本效应定义为

$$d_i = [f(x_1, \cdots, x_{i-1}, x_i + \Delta, x_{i+1}, \cdots, x_n) - f(x)] / \Delta \qquad (4\text{-}46)$$

式中，Δ 是 $1/(p-1)$ 的整数倍。

　　由于 Morris 法的随机性，需进行 t 次重复取样来减少随机取样及随机化过程产生的误差。可以得到每个参数 x_i 的重复 t 次的平均值 μ_i^* 和标准差 σ_i，模型运行总次数为 $t \times (n+1)$ 次。

$$\mu_i^* = \sum_{j=1}^{t} |d_i(j)| / t \qquad (4\text{-}47)$$

$$\sigma_i = \sqrt{\sum_{j=1}^{t} \left[d_i(j) - \mu_i \right]^2 / t} \qquad (4\text{-}48)$$

均值 μ_i^* 越大说明参数的敏感性越强,而标准差 σ_i 反映参数间交互作用的强弱,值越大说明参数相关作用越强。

4.5.2 敏感性分析方案及结果

本研究采用 Morris 法分析构建寒区水文模型 13 个参数的敏感性,并探讨不同目标函数对敏感性评估结果的影响,方案的具体步骤如下。

(1)定义模型参数的取值范围(表 4-6)和分布形式,并假设参数在取值范围内均匀分布。参数 1~12 的取值范围来自于已有研究成果[174],参数 13 取值范围的推导过程如下。

本书 4.2.6 中式(4-28)显示了冻土活动层蓄水容量 FC′ 与冻土融透后包气带蓄水容量 FC 的关系,该公式可转化为如下形式:

$$\frac{FC'}{FC} = \frac{DT \cdot (T_{acc, air})^{0.5}}{H_{参}} \qquad (4-49)$$

表 4-6　分布式寒区水文模型的参数范围

参数序号	参数	物理意义	最小值	最大值	单位
1	cc	融化因子	2	10	mm/(℃ · d)
2	cx	积雪辐射因子	0.0001	0.001	mm · m²/(W · d)
3	cb	冰川辐射因子与积雪辐射因子的比值	1.5	3.5	
4	pk	降水修正因子	0.5	1.5	
5	sfcf	融雪修正因子	0.5	1.5	
6	β	决定产流曲线形状的系数	1	6	
7	perc	上层到下层最大渗透量	0	3	mm/d
8	UZL	形成地表径流的上层水库深度阈值	30	100	mm
9	KUZ2	地表径流出流系数	0.05	0.5	d
10	KUZ1	壤中流出流系数	0.01	0.3	d
11	KLZ	基流出流系数	0.0001	0.1	d
12	k	单位线缩放系数	0.001	0.1	
13	DT	控制活动层蓄水容量的系数	35	50	

据文献报道[98,175],玛纳斯河流域低山带季节性冻土约在 5 月初融透,即在

5 月初时，

$$\frac{\text{DT} \cdot (T_{\text{acc, air}})^{0.5}}{H_{\text{参}}} = 1 \tag{4-50}$$

本研究计算了低山带不同 HRU 内 5 月 10 日的 $T_{\text{acc, air}}$ 及 $H_{\text{参}}$，分别代入等式（4-50）计算出不同的 DT，进而获得 DT 的可能取值范围。

（2）对多维的参数空间进行采样。在使用 Morris 法筛选模型中敏感参数时，模型的运行次数为 $r \times (n+1)$，其中 n 为模型参数数量，r 为采样重复次数。本研究将 Morris 法中参数 n 设置为 16，r 取值为 20，最终共采样 340 组。

（3）将 340 组采样的参数组合分别输入水文模型并进行计算，然后根据观测与模拟的流量过程计算每组参数相应的目标函数值。本研究设置了两个目标函数，分别为平均误差以及纳什效率系数。

（4）评价模型参数的敏感性。根据公式计算每个参数的基本效应值。由于本研究中采样重复次数 r 为 20，因此每个参数的基本效应值个数为 20。然后根据式（4-47）和式（4-48）估计每个参数的均值与方差。均值越大，参数对目标函数的敏感性越强。目前，没有确定敏感参数的统一标准，基于前人的经验和总结[176]，将 average（μ_i^*）$< \mu_i^* <$ max（μ_i^*）的参数定义为敏感参数。

基于上述步骤，本研究分析比较了基于不同目标函数时模型参数的敏感性。如表 4-7 所示，冰雪模块参数 cx 的均值最大，在两种目标函数下的敏感性排序中均为第 1，是所有参数中最敏感的参数。该参数的方差也较大（图 4-10），说明其与其他参数的交互作用较强。参数 cx 指积雪辐射因子，即每日内单位太阳辐射量引起的积雪消融量。该因子不仅是积融雪模块中的重要参数，决定了积雪消融量的大小，而且会间接地影响冰川融水量。本研究构建的分布式水文模型在计算冰川融水时，考虑了冰上雪的消融。若由于 cx 值偏大引起积雪消融量偏多，会导致冰上雪盖提前消失，进而引发冰川消融的提前。总之，参数 cx 通过控制冰雪消融量来影响流域的径流量。参数 cb 在两种目标函数下的敏感性排序中分别为第 2、第 3。该参数的物理意义为冰川辐射因子与积雪融辐射因子的比值。与积雪相比，冰川的反射率较小，吸收的太阳辐射量较多，因此参数 cb 取值范围的下边界为 1。参数 cb 与参数 cx 的乘积为每日内入射单位太阳辐射量引起的冰川消融量，两者共同决定太阳辐射引起的冰川消融量。参数 pk 在两种目标函数下敏感性排序分别占第 3、第 2，该参数表示降水修正因子。参数 pk 在很大程度上影响整个流域的降水输入，进而影响流域的径流量。

表 4-7　不同目标函数下参数的敏感性排序

目标函数	参数	排序	目标函数	参数	排序
	cx	1		cx	1
	cb	2		pk	2
	pk	3		cb	3
	KUZ2	4		sfcf	4
	sfcf	5		β	5
	cc	6		cc	6
效率系数	perc	7	相对误差	KLZ	7
	β	8		DT	8
	UZL	9		KUZ2	9
	DT	10		perc	10
	KLZ	11		UZL	11
	KUZ1	12		KUZ1	12
	k	13		k	13

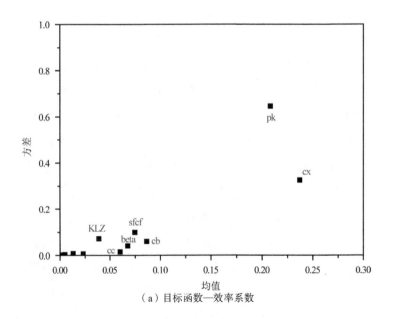

（a）目标函数—效率系数

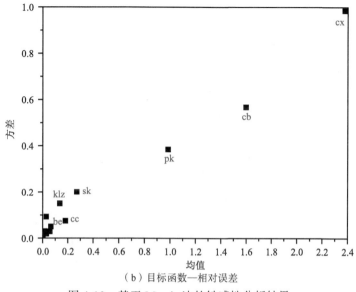

（b）目标函数—相对误差

图 4-10　基于 Morris 法的敏感性分析结果

　　当效率系数为目标函数时，敏感性排序的第 4~6 位分别是地表径流出流系数 KUZ2、融雪修正系数 sfcf 及融化因子 cc；当相对误差为目标函数时，敏感性排序的第 4~6 位分别是融雪修正系数 sfcf、决定产流曲线的形状系数 β 及融化因子 cc。其中，融雪修正系数 sfcf、融化因子 cc 均属于冰雪模块参数。总之，冰雪模块参数在不同目标函数下均有较高的敏感度，与前人[177, 178]的研究结果相似。

　　由于本研究采用的参数优化方案为多步率定法，因此需进一步对去除冰雪模块参数后的剩余 8 个参数进行敏感性评估。如表 4-8 所示，列举了不同参数的 Morris 均值 μ_i^*。按照 Morris 法界定敏感参数的标准，当选取效率系数为目标函数时，敏感参数为敏感性排序前 5 位的参数；选取相对误差为目标函数时，敏感参数为敏感性排序前 3 位的参数。综合不同目标函数下的结果，得出 Morris 法选取的敏感参数共计 7 个：地表径流处流系数 KUZ2、上层到下层最大渗透量 perc、形成地表径流的上层水库深度阈值 UZL、决定产流曲线形状的系数 β、壤中流出流系数 KUZ1、控制活动层蓄水容量的系数 DT 及基流出流系数 KLZ。

表 4-8　不同参数的 μ_i^* 值

目标函数	参数	μ_i^*	目标函数	参数	μ_i^*
效率系数	KUZ2	0.1154	相对误差	β	0.1180
	perc	0.0578		KLZ	0.0523
	UZL	0.0550		DT	0.0375
	β	0.0520		perc	0.0154
	KUZ1	0.0443		KUZ1	0.0140
	DT	0.0160		UZL	0.0090
	KLZ	0.0120		KUZ2	0.0041
	k	0.0011		k	0.0006

4.6　模型参数率定及结果分析

4.6.1　参数率定方法及评估标准

　　模型参数的率定方法分为参数自动率定法和人工试错法两类。人工试错法可以较好地考虑参数的物理意义，但是该方法的应用具有一定的主观性，需要消耗的时间较长。当调试者经验丰富时，可以在较短时间内得到一组较好的结果；当调试者缺乏经验时，参数的调试将会花费很长时间。随着科技的发展，人们逐渐开始采用一种比较省时的调试方法，即自动率定的方法。由于这种方法可以大大地缩短调试时间，调试结果也较为理想，因此受到众多学者的广泛关注。目前常用的自动率定方法有 Monte Carlo 方法、遗传算法、拉丁超立方法、SCE-UA 算法、模拟退火算法、变域递减算法等。考虑到人工试错法带有很强的人为主观影响，这里采用 SCE-UA 自动优化算法进行参数率定。

4.6.1.1　SCE-UA 参数优化算法原理

　　SCE-UA 算法是在单纯形算法基础上，融入了生物竞争进化和基因算法等概念发展而来[179]。它集成了随机搜索算法、单纯形法、聚类分析及生物竞争演化等方法的优点，可以高效地求得水文模型参数全局最优解，被广泛应用到水文模型参数优化工作中。SCE-UA 算法的具体步骤如图 4-11[180, 181]。

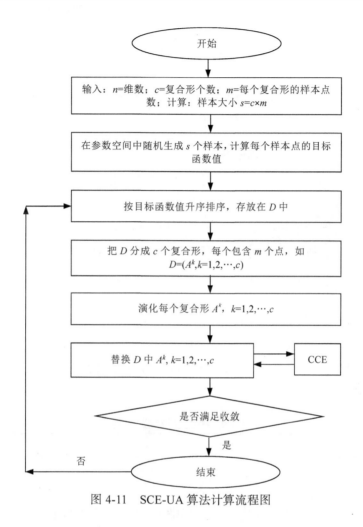

图 4-11 SCE-UA 算法计算流程图

4.6.1.2 模型评估标准

在对模型参数进行敏感性分析之后，需要对模型进行适用性分析。本研究选择相对误差 RE、相关系数 r 以及纳什效率系数 NSE 三个指标评价模型的模拟效果。

$$RE=\left(\overline{Q_{mod}}-\overline{Q_{obs}}\right)/\overline{Q_{obs}}\times100\% \tag{4-51}$$

$$r = \frac{\sum_{i=1}^{N}\left(Q_{\mathrm{mod},i} - \overline{Q_{\mathrm{mod},i}}\right)\left(Q_{\mathrm{obs},i} - \overline{Q_{\mathrm{obs},i}}\right)}{\sqrt{\sum_{i=1}^{N}\left(Q_{\mathrm{mod},i} - \overline{Q_{\mathrm{mod},i}}\right)^{2} \cdot \sum_{i=1}^{N}\left(Q_{\mathrm{obs},i} - \overline{Q_{\mathrm{obs},i}}\right)^{2}}} \quad (4\text{-}52)$$

$$\mathrm{NSE} = 1 - \frac{\sum_{i=1}^{N}\left(Q_{\mathrm{mod},i} - Q_{\mathrm{obs},i}\right)^{2}}{\sum_{i=1}^{N}\left(Q_{\mathrm{obs},i} - \overline{Q_{\mathrm{obs}}}\right)^{2}} \quad (4\text{-}53)$$

式中，$Q_{\mathrm{mod},i}$ 是模型模拟的第 i 天日径流量；$Q_{\mathrm{obs},i}$ 是实测的第 i 天日径流量；N 是总天数；$\overline{Q_{\mathrm{mod}}}$ 和 $\overline{Q_{\mathrm{obs}}}$ 分别是模拟和实测的日径流量的均值。

4.6.2　径流模拟结果

模型根据肯斯瓦特站实测的 1967~1990 年逐日径流量，对相关敏感参数进行了率定。为消除初值的影响，将前五年设置为预热期，且不计入模型效率统计。1972~1982 年设定为率定期，1983~1990 年设定为验证期。最终率定的主要参数结果如表 4-9 所示。

表 4-9　模型参数优选结果

参数序号	参数	物理意义	最优值
1	cc	融化因子	0.45
2	cx	积雪辐射因子	0.00016
3	cb	冰川辐射因子与积雪辐射因子的比值	2.1
4	pk	降水修正因子	0.98
5	sfcf	融雪修正因子	1.07
6	β	形状系数	2.55
7	perc	上层到下层最大渗透量	0.36
8	UZL	形成地表径流的上层水库深度阈值	61.0
9	KUZ2	地表径流出流系数	0.23
10	KUZ1	壤中流出流系数	0.043
11	KLZ	基流出流系数	0.001
12	k	单位线缩放系数	0.008
13	DT	控制活动层蓄水容量的系数	41.53

表 4-10 为模型在率定期及验证期的性能评估表，可见模型对日径流的模拟能力令人满意，率定期、验证期的纳什效率系数分别为 0.78、0.74，相对误差均控制在 5%以内，相关系数均大于 0.85。从模型模拟的流量过程线看（图 4-12），模型有能力模拟出流量的年际变化趋势，但对部分年份（如 1972 年和 1981 年）的径流峰值的模拟值偏低。已有的高寒山区水文模拟研究中也常出现径流峰值模拟偏低的现象，这可能是由于高山区降水输入数据低于实际降水引起的。

表 4-10　模型在率定期及验证期的性能评估表

时段	评价标准		
	相对误差/%	相关系数	纳什效率系数
率定期	3.7	0.88	0.78
验证期	1.0	0.86	0.74

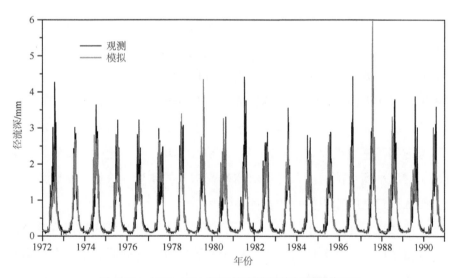

图 4-12　1972~1990 年日径流模拟值与观测值对比

准确模拟冰川面积的变化是估算冰川融水对径流贡献的前提条件。玛纳斯河上游 1972~1990 年模拟的冰川面积由 639km² 缩减到 578km²，减少比例为 9.5%，年均退缩率为 0.50%/a，与前人研究中 1964~1998 年玛纳斯河上游遥感监测冰川面积年均退缩率为 0.52%/a 接近[117]。考虑到遥感影像数据也存在一定的解译误差，可认为本研究对玛纳斯流域冰川面积变化的模拟结果是基本可靠的。

4.7　本章小结

本章根据天山山区的水文特征，提出了子流域—高程带—基于土地利用及坡向复合式 HRU 的高寒区流域空间离散方法；发展了考虑高寒区不同土壤类型及累积积温的动态蓄水容量计算方法；建立了土壤相对湿度幂指数型的蓄满产流计算方法，提出基于动态蓄水容量的冻土蓄满产流模式；构建了考虑累积积温项和基于坡度坡向的太阳辐射项的冰雪消融计算模式。在 HBV-D 模型基础上，结合上述改进的流域空间离散化方法和冻土、积雪、冰川等关键寒区水文过程的模拟方法，构建了一个分布式寒区水文多过程模型，在玛纳斯河上游流域进行了应用检验。结果表明以基于 TRMM 卫星降水数据及台站降水数据融合而成的融合降水作为强迫数据，分布式寒区水文模型有能力很好地重现玛纳斯河肯斯瓦特站 1972~1990 年日径流的年际变化过程及冰川面积的变化率，但模型对部分年份径流峰值的模拟值比观测值偏低。

冰川融水在天山山区水资源的构成中占有重要地位。本研究采用基于遥感数据的冰川面积变化率对冰川模块参数进行了率定。虽然取得了较为满意的精度，但考虑到遥感数据存在一定的误差，导致参数存在一定的不确定性。若能在有冰川物质平衡观测值的研究区对本研究构建的冰川模块进一步验证，将有利于全面认识建立的冰川模块的合理性。

冻土消融过程在高寒山区起着重要的作用。对其进行深入的研究将有助于揭示高寒山区流域水文和能量过程。由于受数据资料的限制，本研究根据其他区域（青藏高原地区）土壤冻融过程的研究成果估算天山玛纳斯河流域冻土冻结与消融过程，参数确定也受到人为主观因素的影响。在今后研究中应增加对天山山区冻土消融过程的监测，以便更好地服务于高寒山区径流过程的模拟和当地水资源的合理利用。

第 5 章　输入数据及模型结构对流域水文过程模拟的影响

5.1　不同降水数据集对流域水文过程模拟的影响

5.1.1　实验设计

本研究根据 APHRODOTE 数据集及融合降水数据集两种降水资料,利用构建的寒区水文模型分析不同降水数据对玛纳斯河流域水文模拟结果的影响。其中 APHRODOTE 数据集是目前资料匮乏寒区水文模拟研究中常用的降水数据集。融合降水数据集是基于 TRMM 卫星数据和实际观测数据融合而成的数据集,数据集构建过程如本书 2.3.1 节所述。

本研究在率定参数时选择日径流过程的纳什效率系数、相对误差及冰川面积变化的误差为目标函数,而以往多数研究中寒区水文模型的率定仅以径流特征为目标函数。为了寻求更适合的降水输入方案、探索寒区模型参数率定时仅以径流特征为目标函数引起的可能误差,本研究设计了 4 组情景实验(表 5-1)。

表 5-1　不同降水数据及目标函数情景设定

编号	降水数据集	目标函数	备注
情景 1	APHRODOTE 数据集	径流纳什效率系数和相对误差	
情景 2	融合数据集		
情景 3	APHRODOTE 数据集	径流纳什效率系数和相对误差、冰川面积变化误差	
情景 4	融合数据集		基准情景

在准备模型降水输入数据时，采用双线性插值方法将 0.25°×0.25° 的 APHRODOTE 降水数据插值到研究区各子流域中心点处。各情景下模型的预热期、率定期及验证期的选取与本书 4.6.2 节中设置相一致。其中情景 4 计算的日径流、冰川消融量模拟精度已在本书 4.6.2 节中评估，其结果被认为是可靠合理的，因此该情景被称为基准情景。情景 1、情景 2 分别使用两种降水输入方案驱动基准模型（本研究构建模型），以纳什效率系数、相对误差为目标函数实现参数率定。通过对比情景 1、情景 2 及基准情景下计算的日径流模拟精度、冰川消融量，不仅能识别最佳的降水输入方案，还可以分析寒区模型参数率定时仅以径流特征为目标函数引起的可能误差。通过对比情景 3、基准情景下计算的日径流模拟精度、冰川消融量，可以进一步验证选取的最佳降水输入方法的合理性。

5.1.2　结果分析

表 5-2 为不同情景下率定期、验证期的日径流模拟效果的评估结果，可见基于 APHRODOTE 数据集中情景 1 的径流模拟精度略低于情景 2 的结果，但受不同降水输入方案的影响，模拟的径流年内分布过程差异很大。如图 5-1 所示，基于融合降水数据（情景 2）的径流模拟结果与观测径流过程基本一致，但基于 APHRODOTE 数据集的径流模拟值显著低估了径流过程，这与研究区 APHRODOTE 数据集年、季降水量偏少密切相关。统计发现，1972~1990 年 APHRODOTE 数据集多年平均降水量和季节降水均显著低于融合降水数据集。

表 5-2　不同情景下日径流模拟精度评估

情景	率定期		验证期	
	效率系数	相对误差/%	效率系数	相对误差/%
情景 1	0.76	−21.1	0.67	−35.7
情景 2	0.80	−2.0	0.79	−6.5
情景 3	0.72	−32.8	0.64	−39.1
基准情景	0.78	3.7	0.74	1.0

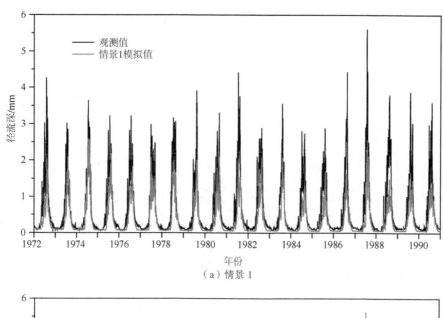

（a）情景 1

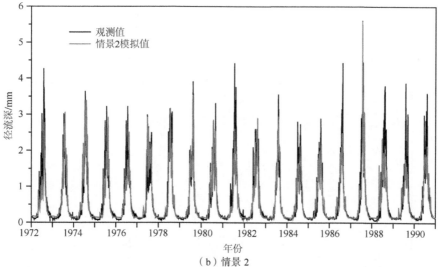

（b）情景 2

图 5-1　情景 1、情景 2 计算的 1972~1990 年日径流过程与观测值的比较

　　图 5-2 为不同情景下 1972~1990 年年冰川消融量模拟值对比图。可见情景 1
计算的年冰川消融量比基准情景、情景 2 的计算值均偏高，且情景 1、情景 2
计算的冰川区冰雪消融量的年内变化过程差异显著（图 5-3 和图 5-4）。冬季
和春季的 APHRODOTE 数据集降雪量偏少，导致冰川消融区表面积融雪也偏
少，进而使冰上雪盖提前消失及冰川消融时间提前，因此基于 APHRODOTE

数据集降水输入计算的 4~7 月融雪计算值比基于融合数据的模拟值偏少（图5-4），而前者计算的融冰量比后者偏大（图 5-3）。

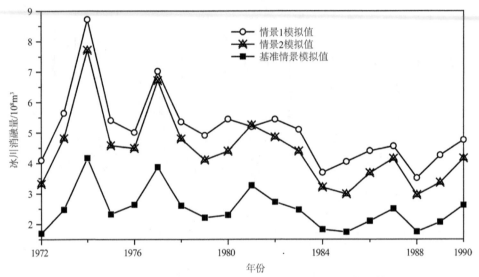

图 5-2　不同情景下计算的 1972~1990 年年冰川消融量模拟值对比

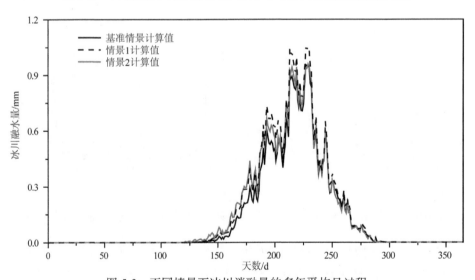

图 5-3　不同情景下冰川消融量的多年平均日过程

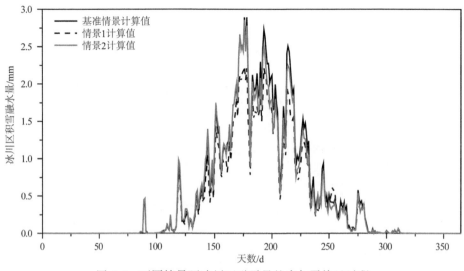

图 5-4　不同情景下冰川区融雪量的多年平均日过程

为了进一步探索不同降水数据集引起的冰雪消融空间分布的差异，本研究选取 1986 年 6 月 21 日的冰雪消融量及其空间分布进行分析。如表 5-3 所示，6 月 21 日基于 APHRODOTE 数据集的情景 1 计算的冰雪融水降水总量为 3.10mm，低于基准情景计算的冰雪融水降水总量 4.72mm。前者模拟的积雪融水量也明显低于后者，而冰川融水量大于后者。从冰雪融水发生的空间分布（图 5-5）看出，情景 1 计算的融雪发生的空间面积小于基准情景，而融冰发生的空间面积大于基准情景。以流域最西端冰川分布处为例，情景 1 下该处融雪量为 0mm，融冰量达到 5mm 以上，而基准情景下该处的融雪量为 4~5mm，而融冰量为 0mm。本书构建的分布式水文模型在计算冰川融水时，考虑了冰上雪的消融，因此可推导出，正是由于情景 1 中 APHRODOTE 数据集的降水量偏小，使得积雪量偏少，引起冰上雪盖提前消失，进而引发冰川消融的提前，造成冰川发生消融的空间分布面积偏大。

表 5-3　不同降水数据集下降雨量、冰雪融水量的对比

降水数据集	冰雪融水降水总量/mm	降雨量/mm	冰川融水量/mm	积雪融水量/mm
APHRODOTE 数据集	3.10	1.41	0.81	0.88
融合数据集	4.72	2.53	0.65	1.54

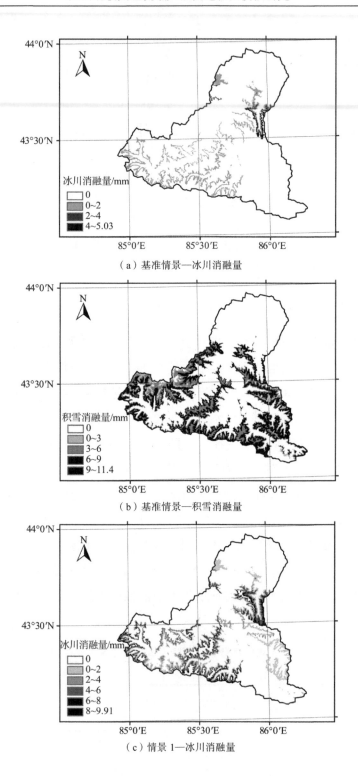

（a）基准情景—冰川消融量

（b）基准情景—积雪消融量

（c）情景 1—冰川消融量

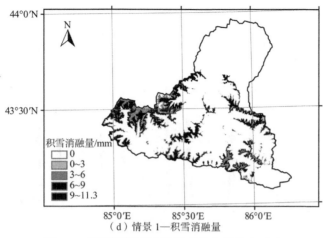
（d）情景 1—积雪消融量

图 5-5　不同情景下冰雪消融量空间分布对比

　　总体而言，不同降水数据集对冰雪消融量、消融发生的面积分布有重要影响。降水输入直接影响着模型对降雪时空分布的模拟，从而进一步影响融雪和融冰过程。APHRODOTE 降水数据具有年、季降水偏低的不足，此误差不仅引起融雪量偏小，而且使冰上雪盖提前消失、冰川消融时间提前，最终导致冰川消融发生的空间分布面积偏大、冰川消融量偏高。

　　与基于融合数据的情景 2 相比，基于 APHRODOTE 数据的情景 1 不仅径流模拟精度偏低，而且冰川融水量、空间分布误差较大，因此以 APHRODOTE 数据集作为降水输入、以径流特征作为参数优化目标函数时计算的冰雪融水空间特征可靠度低。

　　基于 APHRODOTE 数据的情景 3 计算的 1972~1990 年冰川面积由 636km^2 缩减到 563km^2，年均退缩率为 0.60%/a，大于基准情景下的冰川年均退缩率 0.50%/a。同时，基于 APHRODOTE 数据的情景 3 模拟的年冰川消融量、日径流模拟精度均低于基准情景（情景 4）对应的模拟结果（图 5-6，表 5-2）。总之，当选取参数优化的目标函数时不论是否考虑冰川面积变化率，以 APHRODOTE 数据集作为降水输入的日径流模拟精度、冰川消融量计算精度均低于基于融合降水输入的结果。

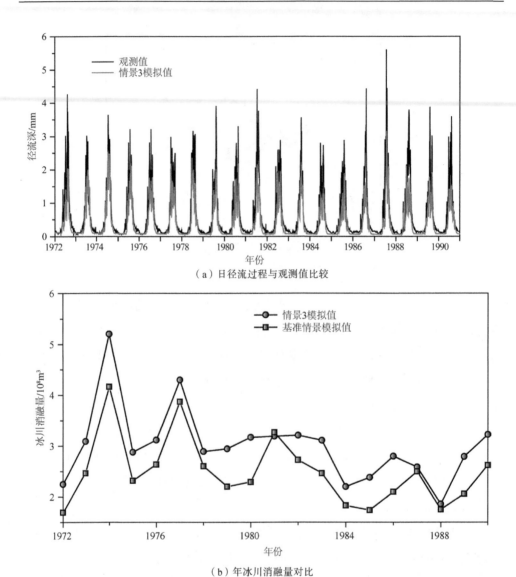

（a）日径流过程与观测值比较

（b）年冰川消融量对比

图 5-6　不同情景下计算的 1972~1990 年日径流过程与观测值的比较及年冰川消融量对比

5.2　不同模型结构对流域水文过程模拟的影响

5.2.1　实验设计

　　为了识别构建的高寒山区分布式模型对典型寒区水文过程的模拟能力，设定了如下 4 个对寒区水文过程的描述详尽程度不同的水文模型。

模型 1：HBV-D 模型；

模型 2：以 HBV-D 模型为基础，修订了模型空间离散方案，建立了考虑太阳辐射及温度影响的冰雪消融计算方法，同时在计算冰川消融时考虑了冰上雪的影响；

模型 3：在模型 2 的基础上增加冻土模块；

模型 4：在模型 3 的基础上考虑冰川面积动态变化。

表 5-4 列出了 4 个水文模型的输入数据及参数率定目标函数，共设定 5 组数值模拟实验。各实验下模型的预热期、率定期及验证期的选取与本书 4.6.2 节中设置相一致。其中前 4 组实验的降水、气温输入及目标函数的设定均一致，而实验 5 计算的日径流、冰川消融量模拟精度已在本书 4.6.2 节中评估，其结果被认为是可靠合理的，称为基准情景。通过对比模型 1 与模型 2 模拟的水文过程，可探索资料匮乏区不同冰雪消融计算方法（经典度日因子法、考虑太阳辐射及温度影响的冰雪消融计算方法）的适用性；冻土对水文过程的影响识别可通过比较模型 2 和模型 3 的水文过程模拟结果而实现。通过对比模型 3 与模型 4 的水文过程模拟结果，可识别考虑冰川面积动态变化的必要性。

表 5-4　不同模型的输入、目标函数的设定

编号	水文模型	降水输入	气温输入	参数率定的目标函数
情景 1	模型 1			
情景 2	模型 2			日径流的纳什效率系数、相对误差
情景 3	模型 3	融合数据	基于回归反距离方法计算的日气温	日径流的纳什效率系数、相对误差
情景 4	模型 4			
基准情景	模型 4			日径流的纳什效率系数、相对误差、冰川面积变化率

5.2.2　结果分析

5.2.2.1　模型 1 与模型 2 的对比分析

表 5-5 为不同模型在率定期、验证期的日径流模拟效果评估结果，与 HBV-D 模型（模型 1）相比，包含修订的冰雪消融算法模型（模型 2）的日径流模拟精度有所提高，验证期效率系数从 0.69 提高到 0.79，相对误差从 24.2%减少到

11.3%。图 5-7（a）显示了两个模型计算的降雨冰雪融水之和的多年平均日过程，可见夏季时 HBV-D 模型的计算值高于包含修订的冰雪消融算法模型的计算值，在其他季节两个模型的计算值较为一致。图 5-7（b）为两个模型模拟的径流深多年平均日过程，由图可见包含修订的冰雪消融算法模型模拟的径流过程与实测径流过程吻合度较高，而 HBV-D 模型能较好地模拟日径流峰值，但显著高估了 9~11 月的日径流。这是与 HBV-D 模型计算了更高的夏季降雨冰雪融水相对应的。夏季较大的降雨冰雪融水引起产流量增加的同时，也增加了储存在土壤中的水量，因此到以壤中流为主要径流成分的秋季时，产流量也会增加，导致 HBV-D 模型高估了 9~11 月的日径流。

表 5-5　不同模型的日径流模拟精度评估

情景	水文模型	率定期		验证期	
		效率系数	相对误差/%	效率系数	相对误差/%
情景 1	模型 1	0.76	9.9	0.69	24.2
情景 2	模型 2	0.81	2.3	0.79	11.3
情景 3	模型 3	0.80	6.2	0.79	14.4
情景 4	模型 4	0.81	3.9	0.81	5.3
基准情景	模型 4	0.78	3.7	0.74	1.0

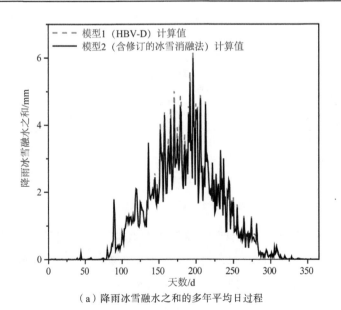

（a）降雨冰雪融水之和的多年平均日过程

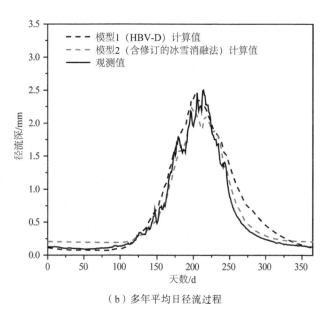

（b）多年平均日径流过程

图 5-7　模型 1 和模型 2 计算的 1972~1990 年多年平均日径流过程与降雨冰雪融水之和

图 5-8 展示了不同模型计算的 1972~1990 年年冰川消融量。可见 HBV-D 模型（模型 1）计算的年冰川消融量比基准模型计算值偏高，可能原因为：①HBV-D 模型中的冰川模块中忽略了冰上雪对冰川消融的影响，导致计算的冰川消融时间提前，模拟的年冰川消融量偏大；②HBV-D 中采用集总的方式处理冰雪消融

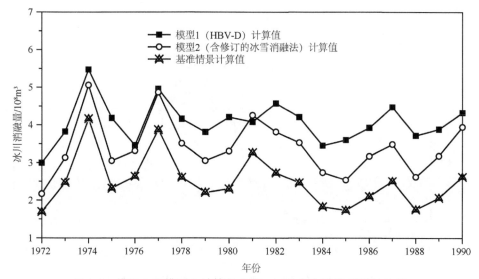

图 5-8　模型 1 和模型 2 计算的 1972~1990 年年冰川消融量比较

过程，即运用简单的度日因子法计算冰雪消融过程，忽略了度日因子的时空异质性。此外，基于度日因子法的 HBV-D 模型与基准情景计算的年冰川消融量值的差异显著高于模型 2 与基准情景的差异，说明构建时综合考虑太阳辐射、累积积温影响的冰川消融计算方法有利于提高分布式模型对冰川融水的模拟精度。

5.2.2.2　模型 2 与模型 3 的对比分析

通过表 5-5 发现忽略冻土水文效应的模型与包含冻土模块模型的日径流模拟精度相当，率定期效率系数均达到 0.80；相对误差控制在 5%左右。但对比两者模拟的径流深多年平均日过程（图 5-9），可见包含冻土模块的模型计算的春季径流量高于忽略冻土水文效应的模型的模拟结果，对于春季径流增加产生的机理，Zuzel 等[182]与 Niu 和 Yang[183]均认为冻土中冰的存在改变了土壤的水文与热力学特性，冻土层阻止了融雪与降雨的入渗，从而导致春季径流数值更高。同时，由于冻土层抑制蒸发的作用，包含冻土模块的模型计算的春季实际蒸发量低于忽略冻土作用的模型（图 5-10）。随着温度升高，融化层深度增大，至 8 月时融化层达到最大深度，季节冻土层消失，此时两模型计算的实际蒸发量接近，约 1.45mm。而后随着温度降低，两模型计算的实际蒸发量均减少，待 10 月时，土壤表层开始形成冻结层，包含冻土模块的模型计算的实际蒸发量为 0mm。

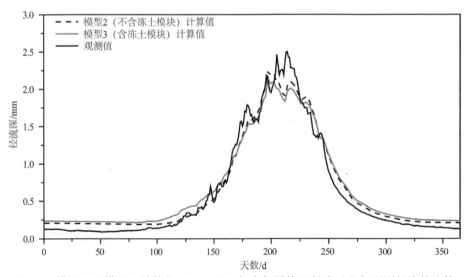

图 5-9　模型 2 和模型 3 计算的 1972~1990 年多年平均日径流过程与观测径流的比较

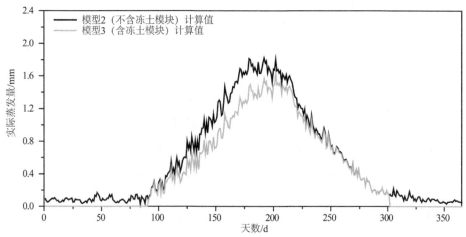

图 5-10　模型 2 和模型 3 计算的 1972~1990 年多年平均日实际蒸发过程

通过图 5-11 发现模型 2 与模型 3 计算的年冰川消融量几乎一致，是由于两模型间的结构差别仅在于是否包括冻土模块，而考虑冻土的水文效应与否均不会影响冰川消融量的模拟值。但两模型计算的年冰川消融量均大于基准模型，可能的原因是模型 2 与模型 3 均忽略了冰川面积的变化，而研究区冰川面积一直处于退缩状态，模型中假定冰川面积不变，会导致冰川消融量模拟值偏大。

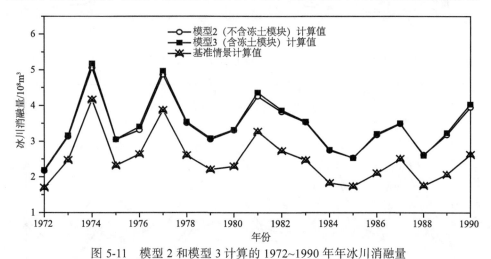

图 5-11　模型 2 和模型 3 计算的 1972~1990 年年冰川消融量

5.2.2.3　模型 3 与模型 4 的对比分析

与忽略冰川面积动态变化的模型 3 相比，包含冰川面积动态变化的模型(模型 4）的日径流模拟精度略有提高，率定期效率系数从 0.80 提高到 0.81；相对误差从 6.2%减少到 3.9%（表 5-5）。通过对比两个模型模拟的径流深多年平均日过程与观测径流（图 5-12），发现包含冰川面积动态变化的模型模拟的径流过程与实测径流过程吻合度更高，尤其在枯水季节。而且计算的冰川消融量更接近于基准情景计算值（图 5-13）。总之，包含冰川面积动态变化的模型（模型 4）对日径流、冰川融水的模拟精度均高于忽略冰川面积动态变化的模型 3，说明考虑冰川面积的动态变化有助于提高模型对日径流、冰川融水的模拟精度。

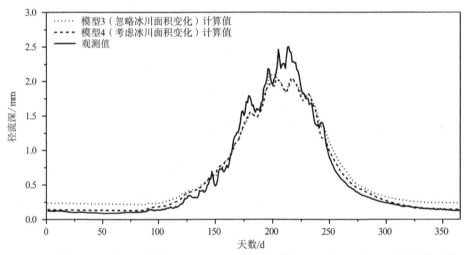

图 5-12　模型 3 和模型 4 计算的 1972~1990 年多年平均日径流过程与观测径流的比较

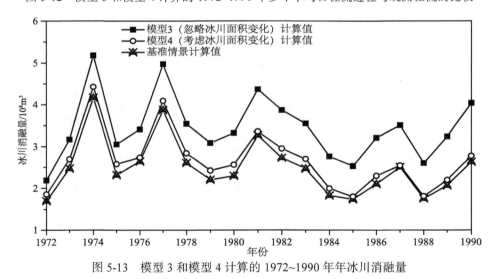

图 5-13　模型 3 和模型 4 计算的 1972~1990 年年冰川消融量

5.2.2.4　HBV-D 模型与本书构建模型的对比分析

本研究构建的高寒山区分布式水文模型（模型 4）是以 HBV-D 模型为基础发展而来，图 5-14 为 HBV-D 模型（模型 1）及本研究构建模型（基准情景）计算的多年平均日径流过程与观测径流的对比图，发现本书构建模型模拟的径流

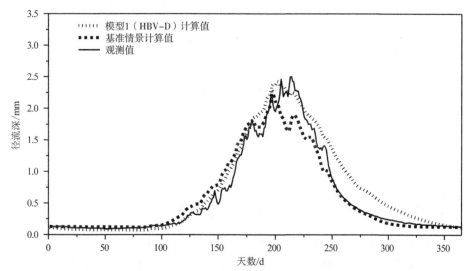

图 5-14　模型 1 及基准情景计算的 1972~1990 年多年平均日径流过程与观测径流的比较

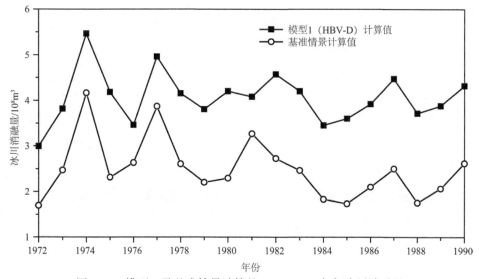

图 5-15　模型 1 及基准情景计算的 1972~1990 年年冰川消融量

过程与实测径流过程吻合度较高，但低估了 7~8 月份的径流量，这可能与高山区夏季降水输入数据低于实际降水引起的误差有关；而 HBV-D 模型尽管能较好地模拟日径流峰值，但显著高估了 9~11 月的日径流，与观测径流过程偏离较大。通过对比 HBV-D 模型（情景 1）与本书构建模型（基准情景）对日径流、冰川消融量的模拟精度（表 5-5，图 5-15），发现本研究构建的高寒山区分布式水文模型显著提高了研究区日径流的模拟精度：验证期效率系数提高了 0.05，相对误差从 24%左右降低到 1%；而且有能力较好地模拟冰川面积变化。

5.3　本章小结

本章通过对比分析不同降水数据集驱动下的水文模拟结果，探讨了不同降水数据对水文过程模拟的影响。以构建的高寒山区水文模型为基础，通过功能模块的增减衍生出 4 个对寒区水文过程的描述详尽程度不同的水文模型，并探讨了不同模块对水文过程模拟的影响，结论如下：①选取的参数优化目标函数中不论是否考虑冰川面积率的误差，以 APHRODOTE 数据集作为降水输入的日径流模拟精度、冰川消融量精度均低于基于融合降水输入的结果。因此，与 APHRODOTE 降水数据相比，融合降水资料更适于天山北坡山区水文过程的模拟研究。②与度日因子法相比，包含综合考虑太阳辐射、累积积温及冰上雪影响的冰川消融计算法更有利于提高分布式水文模型对冰川融水的模拟精度；尽管冻土模块增加与否对日径流模拟精度影响不显著，但由于冻土抑制蒸发的作用，考虑冻土作用的模型计算的流域平均年实际蒸发量明显减少；考虑冰川面积动态变化可提高水文模型对冰川消融量的模拟精度。③本研究构建的高寒山区分布式水文模型是基于 HBV-D 模型发展而来，通过对 HBV-D 模型流域空间离散化方案的修订、冻土模块的增加、冰雪消融计算方法的改进等，显著提高了模型对日径流及冰雪过程的模拟能力，效率系数提高了约 0.05，相对误差从 24%左右降低到 1%以内。

第6章 玛纳斯河上游流域冰雪径流的时空变化特征分析

6.1 不同时间尺度径流量的空间变化

6.1.1 年径流的空间变化

利用本书构建的高寒山区水文模型,模拟研究区 1972~2007 年玛纳斯河上游的径流、冰雪消融等水文过程。结合流域产流的高程分布特征,采用如下方法分析产流集中区域:①将流域内高程按 100m 进行离散,分别统计各高程带内的产流总量,并计算高程带内产流量占流域总产流量的比例,记产流量百分比的样本数为 n;②将步骤①中的 n 个样本按降序排列,取前 m 个样本相加,若样本之和大于 0.6,则该 m 个样本对应的高程区间为流域产流集中区域。

图 6-1 为玛纳斯河上游年平均温度、降水量、蒸发量、雨水雪冰融水量及产流量的空间分布图。流域蒸发的变化主要受气温的影响,年均气温在 0℃以下的区域,其年平均蒸发量相对其他区域小一些,一般在 250mm 以下;流域年

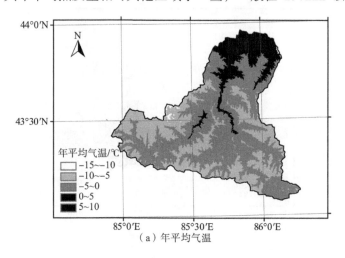

（a）年平均气温

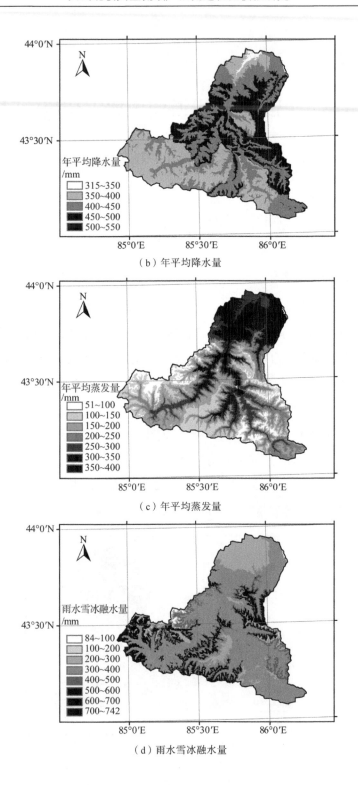

（b）年平均降水量

（c）年平均蒸发量

（d）雨水雪冰融水量

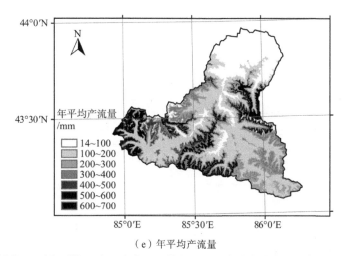

（e）年平均产流量

图 6-1　玛纳斯河上游年平均温度、降水量、蒸发量、雨水雪冰融水量及产流量的空间分布图

最大蒸发量可达 400mm，主要集中于中山带而非流域出口，这与山区低山带的逆温现象有关。

　　结合降水量、雨水雪冰融水量及流域产流量的空间分布图（图 6-1），可见流域产流集中的区域往往也是雨水雪冰融水比较集中的区域，流域雨水雪冰融水量最大的区域集中于流域的西部、南部及东部三处，年雨水雪冰融水量达到 650mm 以上，而其对应的流域径流深则在 500mm 以上，特别是在流域的西部地区其径流深达到了 600mm 以上。由于冰雪融水量是流域径流的重要补给源，因此降水量与产流量的对应关系并不显著：流域径流深最大的区域位于流域西部地区，而该区域降水量在 350~400mm 之间，比流域最大降水量偏少 150~200mm。

　　将流域内高程按 100m 进行离散，并分别统计高程带内的产流量，如图 6-2 所示。研究表明，流域年产流总量达 12.3 亿 m^3，流域产流量随高程的增大呈现先增加后减少的趋势，其中最大产流量发生在 3800~3900m 高程带内，达 1.3 亿 m^3，占流域总产流量的 12.6%。根据各高程带内的产流百分比，可见 3600~4200m 内年产流总量占流域总产流量的 60.4%，为流域产流集中区域。

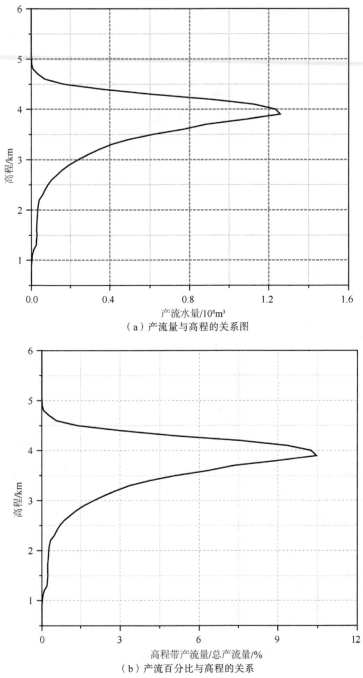

（a）产流量与高程的关系图

（b）产流百分比与高程的关系

图 6-2　产流量或产流百分比与高程的关系图

6.1.2　不同季节径流量的空间变化

统计表明，流域春季、夏季、秋季及冬季的产流总量分别为 1.7 亿 m³、7.9 亿 m³、1.9 亿 m³ 和 0.8 亿 m³，与流域总产流量的比值依次为 13.8%、64.2%、15.4%和 6.5%。由于冬季产流比例较小（10%以内），下文主要针对春季、夏季及秋季的产流特征及主要产流区进行分析。

图 6-3 为玛纳斯河上游春季平均温度、降水量、雨水雪冰融水量及产流量的空间分布图。流域春季雨水冰雪融水的变化主要受气温、降水等的影响，在春季雨水雪冰融水达到 120mm 以上的区域，春季降水量及平均气温往往也较高，降水量一般高于 90mm。结合雨水雪冰融水及流域产流的空间分布图（图6-3），可见流域产流集中的区域往往也是雨水雪冰融水比较集中的区域，流域雨水雪冰融水最大的区域集中于流域东部 A 处（图 6-3），雨水雪冰融水量达到 150mm 以上，对应的流域径流深则在 64mm 以上。例外的是，流域的 B 处属于雨水雪冰融水量高值分布区，降水量达 90mm 以上，远大于高海拔区的雨水雪冰融水量（30mm 以内），但该区域的产流量却与高海拔区相近。这可能是由于 B 处同时处于气温高值区，引起的蒸发较大的缘故。

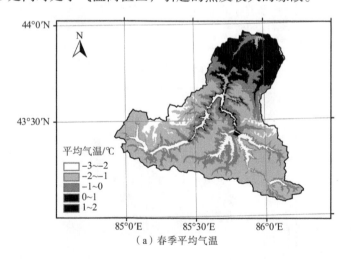

（a）春季平均气温

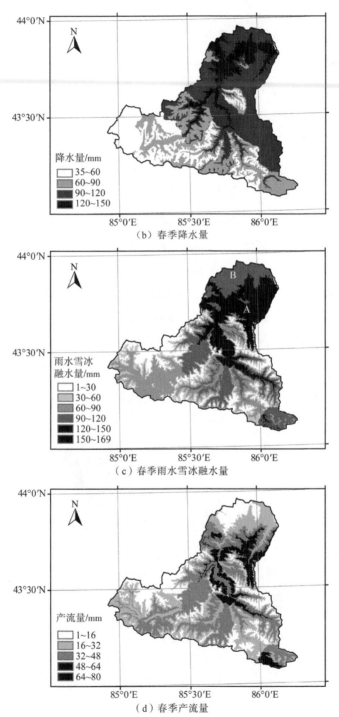

图 6-3　玛纳斯河春季平均温度、降水量、雨水雪冰融水量及流域产流量的空间分布图

　　流域春季年产流总量达 1.6 亿 m³，产流量随高程的增大呈现先增加后减少的趋势，其中最大产流量发生在 3400~3500m 高程带内，达 0.12 亿 m³，占流域总产流量的 7.4%。根据各高程带内的产流百分比[图 6-4（a）]，发现 2900~3800m 内年产流总量占流域总量的 61.0%，为流域主要产流区。产流主要集中在中山带，大部分面积位于流域的南部，区域内径流深空间变化较大，在 16~80mm 范围内波动。

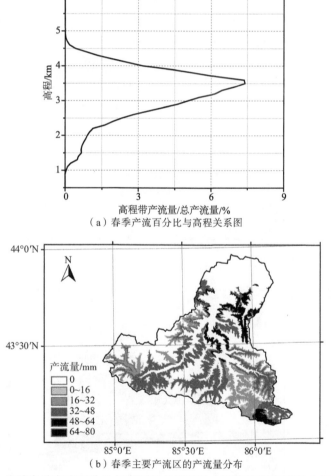

（a）春季产流百分比与高程关系图

（b）春季主要产流区的产流量分布

图 6-4　流域春季产流百分比与高程的关系图及主要产流区产流量空间分布图

　　图 6-5 为玛纳斯河上游流域夏季平均温度、降水量、雨水雪冰融水量及产流量的空间分布图。流域大部分区域的夏季平均气温在 0℃以上，且呈现南低

北高的规律,在流域出口附近达到气温最高值,约25℃。流域降水量与雨水雪冰融水量的空间格局基本一致,均具有南高北低的特征,在流域西南部及东部达到雨水雪冰融水量的最高值,约581mm。同时,降水量的高值区也分布在流域西南部及东部,均在250mm以上。

结合雨水雪冰融水量及流域产流的空间分布图(图6-5),可见产流高值区呈带状分布,集中在流域的西南部、南部及东部。这些区域具有雨水雪冰融水量高但温度偏低的特点,此气象条件极有利于产流。同时,这些产流集中区与冰川分布区一致,也证明了冰川产流是流域夏季径流的主要补给源。

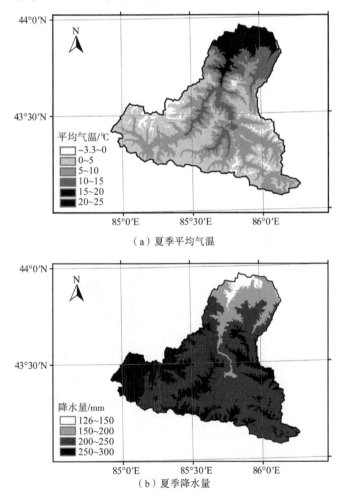

(a)夏季平均气温

(b)夏季降水量

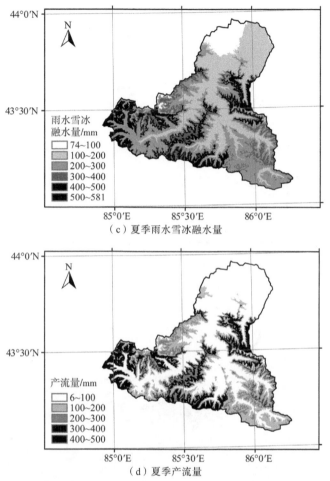

（c）夏季雨水雪冰融水量

（d）夏季产流量

图 6-5　玛纳斯河夏季平均温度、降水量、雨水雪冰融水量及产流量空间分布

　　统计表明，流域夏季年产流总量达 7.9 亿 m³，流域产流量随高程的增加呈现先增加后减少的趋势，其中最大产流量发生在 3800~3900m 高程带内，达 0.96 亿 m³，占流域总产流量的 12.1%。根据各高程带内的产流百分比［图 6-6（a）］，发现 3700~4200m 内年产流总量占流域总量的 61.1%，为流域主要产流区。夏季流域主要产流区集中在高山带，大部分面积位于流域的南部，且围绕流域的边缘呈带状分布，区域内径流深空间异质性显著，径流深变化范围为 100~500mm。

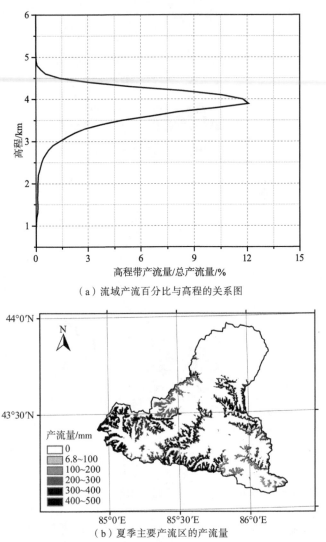

（a）流域产流百分比与高程的关系图

（b）夏季主要产流区的产流量

图 6-6　流域产流百分比与高程的关系图及夏季主要产流区产流量空间分布图

　　图 6-7 为玛纳斯河上游秋季平均温度、降水量、雨水雪冰融水量及产流量的空间分布图。流域大部分区域的秋季平均气温在 0℃以下，仅流域北部及中部部分区域的平均气温在 0℃以上，气温最高值约 8℃，在流域出口附近达到。流域降水量与雨水雪冰融水量的空间格局具有相似性，均具有南低北高的特征，但两者的高值区分布存在差异性：降水量的高值区（70mm 以上）集中在流域北部及东部部分区域，而雨水雪冰融水量的高值区（60mm 以上）分布于流域

西南部及东部。结合雨水雪冰融水量及流域产流量的空间分布图（图 6-7），可以看出产流高值区呈带状分布，集中在流域的西南部、南部及东部。产流量高值区往往是雨水雪冰融水量较大的区域，但需要注意的是，这些区域上产流量均比雨水雪冰融水量大，此现象说明除了雨水雪冰融水外，这些区域的壤中流、地下径流发育良好，也是秋季径流的重要补给源。

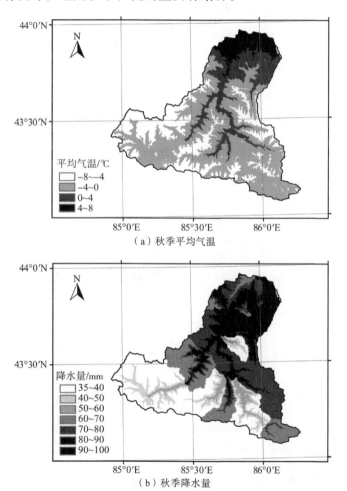

（a）秋季平均气温

（b）秋季降水量

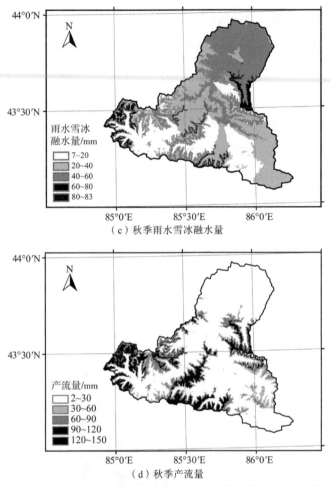

（c）秋季雨水雪冰融水量

（d）秋季产流量

图 6-7　玛纳斯河秋季平均温度、降水量、雨水雪冰融水量及产流量空间分布

　　流域秋季年产流总量达 1.9 亿 m³，流域产流量随高程的增加呈现先增加后减少的趋势，其中最大产流量发生在 4000~4100m 高程带内，达 0.22 亿 m³，占流域总产流量的 11.5%。根据各高程带内的产流百分比（图 6-8），发现 3700~4300m 内年产流总量占流域总量的 64.23%，为流域主要产流区。流域秋季主要产流区的分布区与夏季基本一致，主要集中在高山带，大部分面积位于流域的南部，且围绕流域的边缘呈带状分布，但区域内径流深明显比夏季偏小，径流深在 30~150mm 内波动。

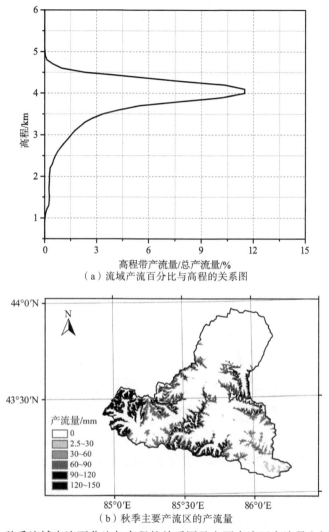

（a）流域产流百分比与高程的关系图

（b）秋季主要产流区的产流量

图 6-8　秋季流域产流百分比与高程的关系图及主要产流区产流量空间分布图

6.2　冰雪径流特征分析

6.2.1　冰雪融水的年内年际变化特征

6.2.1.1　流域降雪融雪特征

图 6-9 显示了玛纳斯河上游流域降雪量和融雪量多年平均日过程，可见降

雪量的季节分布特点为春末夏初季节降雪量较多，而冬季降雪量较少。结合对流域降水分布的认识，玛纳斯河上游流域冬季气温低且降雪量少；随着夏季到来，流域气温逐年增高，中高山区降水量也大幅增加；在 4~6 月时，降水量不断增加，但气温依然较低，因此发生较多降雪；直到气温最高的 7、8 月份时，流域以降雨为主，仅在高山区部分区域有降雪，因此流域降雪量开始呈下降趋势。

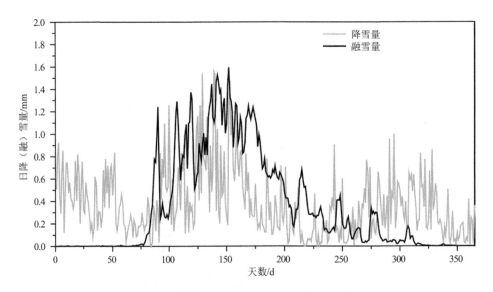

图 6-9　玛纳斯河流域降雪量、融雪量多年平均日过程

　　玛纳斯河上游流域的融雪期从 3 月下旬开始一直持续到 10 月初。在此期间，随着气温的升高，低海拔区域的积雪首先开始消融，同样至 4~6 月份融雪量最大，之后由于积雪量减少，融雪量也开始下降。总体上，春夏季融雪过程线起伏较大，之后融雪过程线趋于平缓，这也说明玛纳斯河上游流域易在春季融雪汛期发生洪水。从玛纳斯河流域 1972~2007 年逐年融雪量变化趋势可见（图6-10），融雪量有小幅增加的趋势。

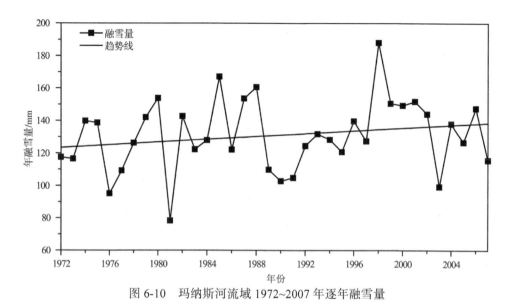

图 6-10　玛纳斯河流域 1972~2007 年逐年融雪量

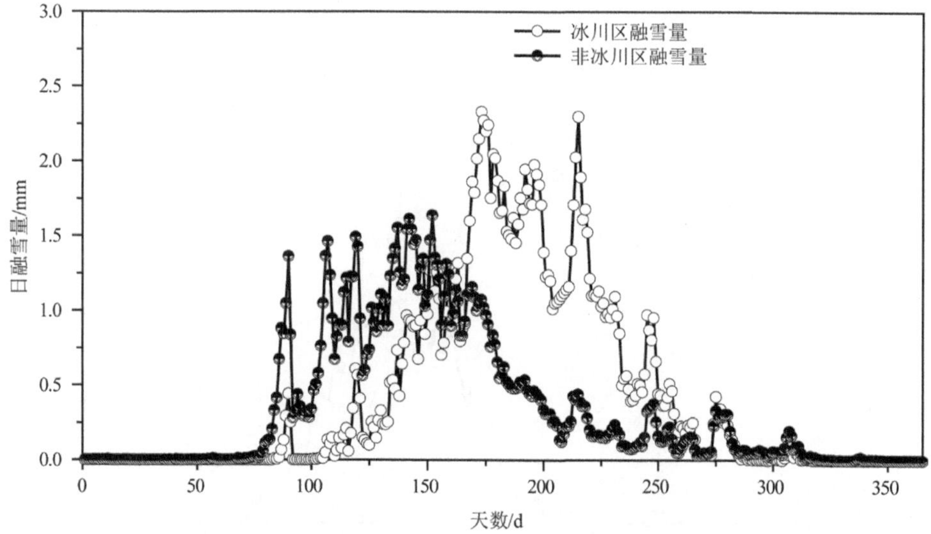

图 6-11　玛纳斯河流域冰川区及非冰川区融雪量多年平均日过程

　　为了进一步分析流域融雪量的变化过程，将流域分成冰川区与非冰川区对比。结合图 6-11 可见，低海拔的非冰川区域，融雪开始较早，峰值出现在 4、5 月份；4 月中旬冰川区域开始出现融雪，在夏季时融雪量达到峰值。玛纳斯河上游流域地处中亚腹地，其冰川属于夏季补给型的大陆型冰川，具有夏季强消融、强补给的特点。玛纳斯河上游流域融雪分布模拟结果可反映此特点。

6.2.1.2　流域冰川消融过程特征

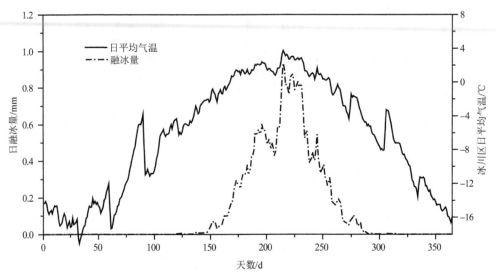

（a）融冰量、冰川区平均气温多年平均日过程

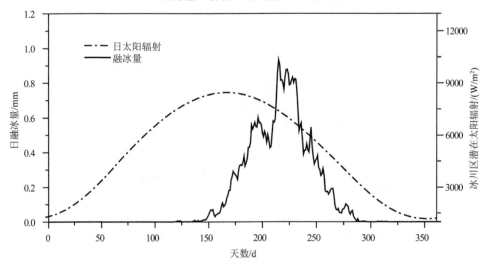

（b）融冰量、冰川区潜在太阳辐射多年平均日过程

图 6-12　玛纳斯河流域融冰量、冰川区平均气温及冰川区潜在太阳辐射多年日平均过程

从冰川消融过程（图 6-12）可见，玛纳斯河流域冰川融水从 6 月初开始到 9 月末基本停止。冬季时，冰川区平均气温较低，处于冰川消融临界温度以下。随着太阳辐射强度的增加，冰川表面积雪在四月中旬开始消融，待到 6 月时，

太阳辐射强度达到最大值（约 8500W/m²），同时冰川区平均气温也达到冰川消融临界气温以上，此时部分冰川表面的积雪消融殆尽，冰川裸露出来并在太阳辐射及气温的共同作用下发生消融。至 7 月时，冰川区气温达到局部峰值，平均气温达到 2.7℃。此时太阳辐射量也较大，达到 8200W/m²、在两者共同作用下冰川融水量出现了年内首次峰值。冰川区平均气温在 8 月达到最高，冰川消融量也同时达到最大值。随后冰川消融量随着气温和太阳辐射的减少而降低。总之，冰川融水峰值出现的时间与冰川区平均气温峰现时间一致，且明显滞后于潜在太阳辐射的峰现时间。

6.2.2　流域冰川融水对径流贡献的评估

准确计算冰川径流量对流域径流的贡献率是冰川流域气候变化风险评估和水资源可持续管理不可或缺的一部分。本研究采用水文模型法计算冰川径流对总径流的贡献率。由本书 4.6.2 节中模型适用性评估结果可知，模型不仅准确模拟了肯斯瓦特站日径流过程，而且有能力再现流域冰川面积的变化特征，为精确计算冰川融水对径流贡献奠定了基础。

冰川融水包括冰上液态降水量、雪融水量和冰融水量，其形成的冰川产流量记为 Q_{gla}，其中裸冰融水形成的产流量记为 Q_{ice}。R 表示流域产流量。冰川融水及裸冰融水对总产流的贡献率（Q_{gla}/R 及 Q_{ice}/R）随高程的变化特征将在 6.2.2.1 节中详细分析。冰川产流量及裸冰产流量汇入子流域河道，经河道汇流到流域出口，形成的径流分别称为冰川径流及裸冰径流。冰川径流及裸冰径流对总径流贡献率的年内分布特征及多年平均值将在 6.2.2.2 节中详细分析。

6.2.2.1　冰川融水贡献率随高程的变化特征

本书按 100m 高程间隔统计 1972~2007 年不同高程带产流量分布特征，定量分析冰川融水和裸冰融水及两者占总产流量比例在不同高程上的分布。冰川产流量、裸冰产流量和流域总产流量（R）随着海拔升高均呈先增大后减小的趋势（图 6-13），前两者的最大值均位于 3900~4000m 高程带内，后者的最大值位于 3800~3900m 内，这与流域面积和冰川面积沿高程分布特征有很大关系。但冰川产流量和裸冰产流量占总产流量的比例（分别记作 Q_{gla}/R，Q_{ice}/R）随高程的分布特征显著不同（图 6-14）。3350m 以上，Q_{gla}/R 随着海拔增加保持上升趋势，而 Q_{ice}/R 随着海拔升高呈先增大后减小趋势。其中，3350~3700m 高程段内，两者比例接近，从 4%升至 32%左右；3700~4000m 高程段上，Q_{ice}/R 在 32%~48%波动，而 Q_{gla}/R 由 32%上升至 64%；4000m 以上，Q_{ice}/R 呈下降趋势，

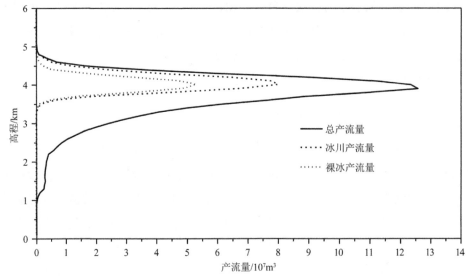

图 6-13　1972~2007 年多年平均流域总产流量、冰川产流量和裸冰产流量随高程分布

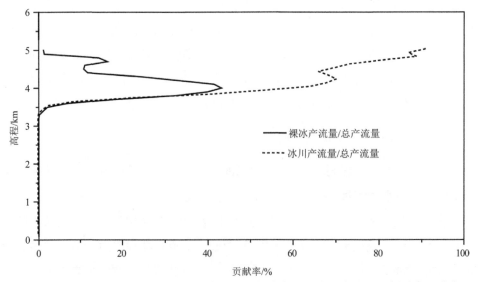

图 6-14　1972~2007 年多年平均冰川产流量和裸冰产流量占总产流量比例随高程分布

到 4900m 时接近为零，而 Q_{gla}/R 则呈持续上升趋势，到 5150m 高度时比例达到了 95%。原因在于海拔 4000m 左右是流域物质平衡线，4000m 以上为物质积累区，随着海拔升高冰消融量越来越少，至 4900m 之上冰川融水产流中基本没有冰川消融量，只有冰面上的积雪融化。

6.2.2.2　冰川融水贡献率年内分布特征

肯斯瓦特站 1972~2007 年冰川径流与裸冰径流对河川径流贡献率的多年平均值分别为 32.7% 和 24.1%。玛纳斯河上游年径流深为 236mm/a，66%集中在夏季（6~8 月）；年冰川径流深为 76mm/a，峰值分布在 7~9 月，在此期间冰川径流对总径流的贡献率均在 50%以上；裸冰径流深为 56.3mm/a，主要发生在 6 月底至 9 月初,7~9 月裸冰融水对流域径流的贡献率较大,达到 30%以上(图 6-15)。总之，冰川融水产流初期以降水和冰上雪融化为主，待积雪融化露出冰后冰川开始融化。7~9 月冰川融水是流域径流的主要补给源，其中包括 30%以上的裸冰融水。

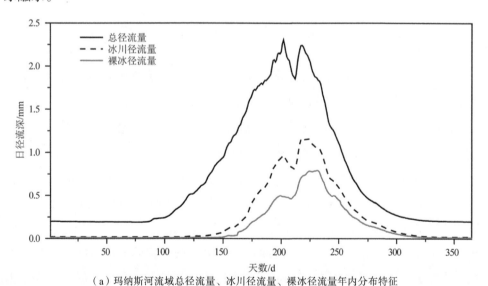

（a）玛纳斯河流域总径流量、冰川径流量、裸冰径流量年内分布特征

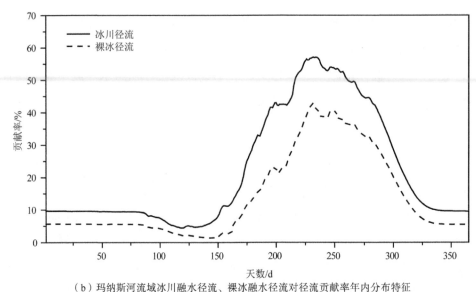

（b）玛纳斯河流域冰川融水径流、裸冰融水径流对径流贡献率年内分布特征

图 6-15　玛纳斯河流域总径流量、冰川径流量、裸冰径流量及后两者占总径流量比例的
年内分布特征

6.3　本章小结

　　本章基于已构建的高寒山区分布式水文模型在玛纳斯河上游历史时期水文过程的模拟结果，识别不同时间尺度下主要产流区的空间分布，分析了流域冰雪消融的变化规律及冰川径流对流域总径流的贡献率，结论如下：①流域年产流量随高程的增大呈现先增加后减少的趋势，3600~4200m 内年产流总量占流域总量的 60.4%，为流域主要产流区。春季主要产流区位于 2900~3800m 高程带。夏、秋季主要产流区位于 3700~4300m 高程带。②玛纳斯河流域融雪主要集中在 3 月下旬到 10 月初，4~6 月份融雪量最大，之后融雪量逐渐下降，这也说明玛纳斯河流域容易在春季的融雪汛期发生洪水。低海拔的非冰川区域先开始融雪，融雪量峰值出现在 4、5 月份；4 月中旬冰川区域开始融雪，融雪量峰值出现在夏季。流域冰川融水集中在 6 月初到 9 月末。7 月时，冰川融水呈现出年内首次峰值；随着冰川区平均气温在 8 月达到最高，冰川消融量也达到年内最大值。③1972~2007 年流域多年平均冰川径流深为 76mm，峰值主要分布在 6~9

月，7 月底至 9 月底冰川融水对总径流的贡献率均在 50%以上；裸冰径流主要
发生在 6 月底至 9 月初，7~9 月裸冰融水对流域径流的贡献率较大，达到 30%
以上。总之，冰川融水产流初期以降水和冰上积雪融化为主，待冰裸露之后冰
川开始融化，7~9 月冰川融水是流域径流的主要补给源，其中包括 30%以上的
裸冰融水。

参 考 文 献

[1] 沈永平, 王国亚, 丁永建, 等. 1957-2006 年天山萨雷扎兹库玛拉克河流域冰川物质平衡变化及其对河流水资源的影响[J]. 冰川冻土, 2009, 31（5）: 792-800.

[2] 刘毅. 新疆水问之治水之路[N]. 新疆经济报, 2014-03-21（T05）.

[3] 沈永平, 王国亚, 苏宏超, 等. 新疆阿尔泰山区克兰河上游水文过程对气候变暖的响应[J]. 冰川冻土, 2007, 29（6）: 845-854.

[4] 陈亚宁, 李稚, 范煜婷, 等. 西北干旱区气候变化对水文水资源影响研究进展[J]. 地理学报, 2014, 69（9）: 1295-1304.

[5] Hevesi J A, Istok J D, Flint A L. Precipitation estimation in mountainous terrain using multivariate geostatistics. part I: structural analysis[J]. Journal of Applied Meteorology, 1992, 31（7）: 661-676.

[6] 陈跃, 陈乾, 陈添宇, 等. 祁连山地形云试验区自然地理和气候特征[J]. 气象科技, 2008, 36（5）: 575-580.

[7] 穆振侠, 姜卉芳. 基于 TRMM/TMI 的天山西部山区降水垂直分布规律的研究[J]. 干旱区资源与环境, 2010, 24（10）: 66-71.

[8] 景少波, 姜卉芳, 穆振侠. 利用探空气温估测高寒山区气温垂直分布的方法[J]. 水电能源科学, 2010, 28（6）: 13-15+139.

[9] 傅抱璞. 起伏地形中的小气候特点[J]. 地理学报, 1963, 29（3）: 175-187.

[10] 甄计国, 陈全功, 韩涛. 甘肃省各流域降水量的 GIS 模块插值估计与改进[J]. 气象科学, 2009, 29（4）: 467-474.

[11] 韩添丁, 丁永建, 叶柏生, 等. 天山天格尔山南北坡降水特征研究[J]. 冰川冻土, 2004, 26（6）: 761-766.

[12] 陈晓宏, 刘德地, 王兆礼. 降雨空间分布模式识别[J]. 水利学报, 2006, 37（6）: 711-716.

[13] 白江涛, 白建军, 王磊, 等. 基于 GIS 的关中—陕南地区降雨量空间插值分析[J]. 安徽农业科学, 2011, 39（33）: 20872-20876+20895.

[14] 江善虎, 任立良, 雍斌, 等. 老哈河流域降水的空间插值方法比较[J]. 干旱区资源与环境, 2010, 24（1）: 80-84.

[15] 韩振宇, 周天军. APHRODITE 高分辨率逐日降水资料在中国大陆地区的适用性[J]. 大气科学, 2012, 36（2）: 361-373.

[16] Milewski A, Sultan M, Yan E, et al. A remote sensing solution for estimating runoff and recharge in arid environments [J]. Journal of Hydrology, 2009, 373（1-2）: 1-14.

[17] Sheffield J, Goteti G, Wood E F. Development of a 50-year high-resolution global dataset

of meteorological forcings for land surface modeling[J]. Journal of Climate, 2006, 19(13): 3088-3111.

[18]　Freeze R A, Harlan R L. Blueprint for a physically-based, digitally-simulated hydrologic response model[J]. Journal of Hydrology, 1969, 9 (3) : 237-258.

[19]　Beven K J, Kirkby M J. A physically based, variable contributing area model of basin hydrology[J]. Hydrological Sciences Journal, 1979, 24 (1) : 43-69.

[20]　Abbott M B, Bathurst J C, Cunge J A, et al. An introduction to the European Hydrological System-Systeme Hydrologique Europeen, SHE, 1: History and philosophy of a physically-based, distributed modeling system[J]. Journal of Hydrology, 1986, 87 (1-2) : 45-59.

[21]　Abbott M B, Bathurst J C, Cunge J A, et al. An introduction to the European Hydrological System-Systeme Hydrologique Europeen, SHE, 2: Structure of a physically-based, distributed modeling system[J]. Journal of Hydrology, 1986, 87 (1-2) : 61-77.

[22]　Julien P Y, Saghafian B. CASC2D user's manual-A two dimensional watershed rainfall-runoff model[R]. Fort Collins: Dept. of Civil Engineering Rep., Colorado State Univ., 1991.

[23]　Julien P Y, Saghafian B, Ogden F L. Raster-based hydrologic modeling of spatially-varied surface runoff[J]. Journal of the American Water Resources Association, 1995, 31 (3) : 523-536.

[24]　Kouwen N, Soulis E D, Pietroniro A, et al. Grouped response units for distributed hydrologic modeling[J]. Journal of Water Resources Planning And Management, 1993, 119 (3) : 289-305.

[25]　Todini E. New trends in modeling soil processes from hillslopes to GCM scales[R]. Dordrecht: NATO Advanced Study Institute, Series 1: Global, Kluwer Academic, 1995.

[26]　Kite G W. The SLURP Model[M]. Chapter 15 // Singh V P, Computer Models of Watershed Hydrology. Colorado:Water Resources Publications, 1995: 521-562.

[27]　Wood E F, Lettenmaier D P, Zartarian V G. A land-surface hydrology parameterization with subgrid variability for general circulation models[J]. Journal of Geophysical Research-Atmospheres, 1992, 97 (D3) : 2717-2728.

[28]　Liang X, Lettennmaier D P, Wood E F. One-dimensional statistical dynamic representation of subgrid spatial variability of precipitation in the two-layer variable infiltration capacity model[J]. Journal of Geophysical Research, 1996, 101 (D16) : 21403-21422.

[29]　Arnold J G, Srinivasan R, Muttiah R S, et al. Large area hydrologic modeling and assessment part I: model development[J]. Journal of the American Water Resources Association, 1998, 34 (1) : 73-89.

[30]　Arnold J G, Allen P M. Estimating hydrologic budgets for three Illinois watersheds[J]. Journal of Hydrology, 1996, 176 (1-4) : 57-77.

[31]　Refsgaard J C, Storm B. Chapter 23: MIKE SHE[M]// Singh V P. Computer Models of Watershed Hydrology, Littleton:Water Resources Publications, 1995.

[32]　沈晓东, 王腊春, 谢顺平. 基于栅格数据的流域降雨径流模型[J]. 地理学报. 1995, 50（3）: 264-271.

[33]　李兰, 郭生练, 李志永, 等. 流域水文数学物理耦合模型[C]//中国水利学会一九九九年优秀论文集. 北京: 中国三峡出版社, 1999.

[34]　郭生练, 熊立华, 杨井, 等. 基于 DEM 的分布式流域水文物理模型[J]. 武汉水利电力大学学报, 2000, （6）: 1-5.

[35]　吴险峰, 王中根, 刘昌明, 等. 基于 DEM 的数字降水径流模型: 在黄河小花间的应用[J]. 地理学报, 2002, （6）: 671-678.

[36]　李丽, 郝振纯, 王加虎. 基于 DEM 的分布式水文模型在黄河三门峡-小浪底间的应用探讨[J]. 自然科学进展, 2004, （12）: 87-93.

[37]　任立良, 刘新仁. 基于 DEM 的水文物理过程模拟[J]. 地理研究, 2000, （4）: 369-376.

[38]　李致家, 姚成, 章玉霞, 等. 栅格型新安江模型的研究[J]. 水力发电学报. 2009, （2）: 25-34.

[39]　赵霞. 黄土沟壑区水文响应单元选取对 AnnAGNPS 模型模拟精度影响[D]. 北京: 中国农业大学, 2006.

[40]　郭太英. 基于 DEM 的分布式水文模型的研究与应用[D]. 大连: 大连理工大学, 2005.

[41]　贾仰文. 分布式流域水文模型原理与实践[M]. 北京: 中国水利水电出版社, 2005.

[42]　李致家, 张珂, 姚成. 基于 GIS 的 DEM 和分布式水文模型的应用比较[J]. 水利学报, 2006, 37（8）: 1022-1028.

[43]　夏军, 王纲胜, 吕爱锋, 等. 分布式时变增益流域水循环模拟[J]. 地理学报, 2003, 58（5）: 789-796.

[44]　王纲胜, 夏军, 牛存稳. 分布式水文模拟汇流方法及应用[J]. 地理研究, 2004, 23（2）: 175-182.

[45]　刘建梅, 裴铁璠. 水文尺度转换研究进展[J]. 应用生态学报, 2003, 14(12): 2305-2310.

[46]　王中根, 刘昌明, 左其亭, 等. 基于 DEM 的分布式水文模型构建方法[J]. 地理科学进展, 2002, 21（5）: 430-439.

[47]　杨大文, 李翀, 倪广恒, 等. 分布式水文模型在黄河流域的应用[J]. 地理学报, 2004, 59（1）: 143-154.

[48]　Wigmosta M S, Vail L W, Lettenmaier D P. A distributed hydrology-vegetation model for complex terrain[J]. Water Resources Research, 1994, 30（6）: 1665-1679.

[49]　Boscarello L, Ravazzani G, Rabuffetti D, et al. Integrating glaciers raster-based modelling in large catchments hydrological balance: the Rhone case study[J]. Hydrological Processes, 2014, 28（3）: 496-508.

[50]　Hagg W, Braun L N, Kuhn M, et al. Modelling of hydrological response to climate change in glacierized Central Asian catchments[J]. Journal of Hydrology, 2007, 332（1）: 40-53.

[51] HEC. HEC-HMS User's Manual[R]. Davis: Hydrologic Engineering Center, US Army Corps of Engineers, 2006.

[52] Singh P, Haritashya U K, Kumar N, et al. Hydrological characteristics of the Gangotri Glacier, central Himalayas, India[J]. Journal of Hydrology, 2006, 327（1–2）: 55-67.

[53] Martinec J. Snowmelt-runoff model for stream flow forecasts[J]. Nordic Hydrology, 1975, 6（3）: 145-154.

[54] Verbunt M, Gurtz J, Jasper K, et al. The hydrological role of snow and glaciers in alpine river basins and their distributed modeling[J]. Journal of Hydrology, 2003, 282(1): 36-55.

[55] Nijssen B, O'Donnell G M, Lettenmaier D P, et al. Predicting the discharge of global rivers[J]. Journal of Climate, 2001, 14（15）: 3307-3323.

[56] Costa-Cabral M C, Richey J E, Goteti G, et al. Landscape structure and use, climate, and water movement in the Mekong River basin[J]. Hydrological Processes, 2008, 22（12）: 1731-1746.

[57] 杨淼. 乌鲁木齐河源区冰川径流模拟试验研究[D]. 成都: 成都理工大学, 2012.

[58] Finsterwalder S, Schunk H. Der Suldenferner[J]. Zeitschrift des Deutschen und Oesterreichischen Alpenvereins, 1887, 18: 72-89.

[59] Jóhannesson T, Sigurdsson O, Laumann T, et al. Degree-day glacier mass-balance modelling with applications to glaciers in Iceland, Norway and Greenland[J]. Journal of Glaciology, 1995, 41（138）: 345-358.

[60] Braithwaite R J, Olesen O B. Calculation of Glacier Ablation from Air Temperature, West Greenland[M]. Springer Netherlands, 1989: 219-233.

[61] Hock R. A distributed temperature-index ice and snowmelt model including potential direct solar radiation[J]. Journal of Glaciology, 1999, 45（149）: 101-111.

[62] 陈仁升, 刘时银, 康尔泗, 等. 冰川流域径流估算方法探索——以科其喀尔巴西冰川为例[J]. 地球科学进展, 2008, 23（9）: 942-951.

[63] 卿文武, 陈仁升, 刘时银, 等. 两类度日模型在天山科其喀尔巴西冰川消融估算中的应用[J]. 地球科学进展, 2011, 26（4）: 409-416.

[64] Kraus H. An energy balance model for ablation in mountainous areas[C]. IAHS Publication, 1975.

[65] Munro D S, Young G J. An operational net shortwave radiation model for glacier basins[J]. Water Resources Research, 1982, 18（2）: 220-230.

[66] 张寅生, 姚檀栋, 蒲健辰. 我国大陆型山地冰川对气候变化的响应[J]. 冰川冻土, 1998, 20（1）: 3-8.

[67] Arnold N S, Willis I C, Sharp M J, et al. A distributed surface energy-balance model for a small valley glacier. I. Development and testing for Haut Glacier d'Arolla, Valais, Switzerland[J]. Journal of Glaciology, 1996, 42（140）: 77-89.

[68] 白重瑷, 大畑哲夫, 樋口敬二. 天山乌鲁木齐河源冰川与空冰斗辐射气候的计算结

果[J]. 冰川冻土, 1989, 11（4）: 336-349.

[69] 蒋熹. 祁连山七一冰川暖季能量-物质平衡观测与模拟研究[D]. 兰州: 中国科学院寒区旱区环境与工程研究所, 2008.

[70] Horton R E. The melting of snow[J]. Monthly Weather Review, 1915, 43（12）: 599-605.

[71] Komarov V D, Makarova T T. Effect of the ice content, temperature, cementation, and freezing depth of the soil on meltwater infiltration in a basin[J]. Soviet Hydrology: Selected Papers, 1973, 3: 243-249.

[72] Anderson E A. A point energy and mass balance model of a snow cover[J]. Noaa Tech. Rep. NWS., 1976, 19: 1-150.

[73] Kane D L, Stein J. Water movement into seasonally frozen soils[J]. Water Resources Research, 1983, 19（6）: 1547-1557.

[74] Stähli M, Nyberg L, Mellander P E, et al. Soil frost effects on soil water and runoff dynamics along a boreal forest transect: 2. Simulations[J]. Hydrological Processes, 2001, 15（6）: 927-941.

[75] Zuzel J F, Pikul J L J, Rasmussen P E. Tillage and fertilizer effects on water infiltration[J]. Soil Science Society of America Journal, 1990, 54（1）: 205-208.

[76] Riley J P, Chadwick D G, Bagley J M. Application of electronic analog computer to solution of hydrologic and river basin planning problems: utah simulation model II[R]. Utah State University, 1966.

[77] Morris E M. Sensitivity of the European Hydrological System snow models[C]. IAHS Publication, 1982.

[78] Marks D, Kimball J, Tingey D, et al. The sensitivity of snowmelt processes to climate conditions and forest cover during rain-on-snow: a case study of the 1996 Pacific Northwest flood[J]. Hydrological Processes, 1998, 12（10-11）: 1569-1587.

[79] Liang X, Wood E F, Lettennmaier D P. Surface soil moisture parameterization of the VIC-2L model: evaluation and modifications[J]. Global and Planetary Change, 1996, 13（1）: 195-206.

[80] Jackson T H R. A spatially distributed snowmelt-driven hydrologic model applied to the upper sheep creek watershed[D]. Utah State University, 1994.

[81] Herrero J, Polo M J, Moñino A, et al. An energy balance snowmelt model in a Mediterranean site[J]. Journal of Hydrology, 2009, 371（1-4）: 98-107.

[82] Fernández A. An energy balance model of seasonal snow evolution[J]. Physics and Chemistry of the Earth, 1998, 23（5-6）: 661-666.

[83] 马虹, 程国栋. SRM 融雪径流模型在西天山巩乃斯河流域的应用实验[J]. 科学通报, 2003, 48（19）: 2088-2093.

[84] 裴欢, 房世峰, 刘志辉, 等. 分布式融雪径流模型的设计及应用[J]. 资源科学, 2008, 30（3）: 454-459.

[85]   李弘毅. 高寒山区积雪水热过程及其空间分布模拟研究[D]. 兰州: 中国科学院寒区旱区环境与工程研究所, 2009.

[86]   Harlan R L. Analysis of coupled heat-fluid transport in partially frozen soil[J]. Water Resources Research, 1973, 9（5）: 1314-1323.

[87]   Flerchinger G N, Saxton K E. Simultaneous heat and water model of a freezing snow-residue-soil system[J]. American Society of Agricultural Engineers, 1989, 32（2）: 573-576.

[88]   Cherkauer K A, Lettenmaier D P. Hydrologic effects of frozen soils in the upper Mississippi River basin[J]. Journal of Geophysical Research: Atmospheres, 1999, 104（D16）: 19599-19610.

[89]   Scherler M, Hauck C, Hoelzle M, et al. Meltwater infiltration into the frozen active layer at an alpine permafrost site[J]. Permafrost and Periglacial Processes, 2010, 21（4）: 325-334.

[90]   Hollesen J, Elberling B, Jansson P E. Future active layer dynamics and carbon dioxide production from thawing permafrost layers in Northeast Greenland[J]. Global Change Biology, 2011, 17（2）: 911-926.

[91]   刘杨, 赵林, 李韧. 基于 SHAW 模型的青藏高原唐古拉地区活动层土壤水热特征模拟[J]. 冰川冻土, 2013, 35（2）: 280-290.

[92]   阳勇, 陈仁升, 吉喜斌, 等. 黑河高山草甸冻土带水热传输过程[J]. 水科学进展, 2010, 21（1）: 30-35.

[93]   胡和平, 叶柏生, 周余华, 等. 考虑冻土的陆面过程模型及其在青藏高原 GAME/Tibet 试验中的应用[J]. 中国科学. D 辑: 地球科学, 2006, （8）: 755-766.

[94]   王子龙. 季节性冻土区雪被—土壤联合体水热耦合运移规律及数值模拟研究[D].哈尔滨: 东北农业大学, 2010.

[95]   付强, 马效松, 王子龙, 等. 稳定积雪覆盖下的季节性冻土水分特征及其数值模拟[J]. 南水北调与水利科技, 2013, （1）: 151-154.

[96]   关志成, 齐晶, 李庆吉, 等. 寒冷地区连续演算径流模型初探[J]. 水文, 2001, 21（2）: 31-34+14.

[97]   叶佰生, 韩添丁, 丁永建. 西北地区冰川径流变化的某些特征[J]. 冰川冻土, 1999, 21（1）: 54-58.

[98]   杨针娘. 中国寒区水文[M]. 北京: 科学出版社, 2000.

[99]   尹振良, 冯起, 刘时银, 等. 水文模型在估算冰川径流研究中的应用现状[J]. 冰川冻土, 2016, 38（1）: 248-258.

[100] 姚檀栋, 张寅生, 蒲健辰, 等. 青藏高原唐古拉山口冰川、水文和气候学观测 20a:意义与贡献[J]. 冰川冻土, 2010, 32（6）: 1152-1161.

[101] Gascoin S, Kinnard C, Ponce R, et al. Glacier contribution to streamflow in two headwaters of the Huasco River, Dry Andes of Chile[J]. The Cryosphere, 2011, 5（4）:

1099-1113.

[102] 杨永刚, 肖洪浪, 赵良菊, 等. 马粪沟流域不同景观带水文过程[J]. 水科学进展, 2011, 22（5）：624-630.

[103] Penna D, Engel M, Mao L, et al. Tracer-based analysis of spatial and temporal variations of water sources in a glacierized catchment[J]. Hydrol. Earth Syst. Sci., 2014, 18（12）：5271-5288.

[104] Frenierre J L, Mark B G. A review of methods for estimating the contribution of glacial meltwater to total watershed discharge[J]. Progress in Physical Geography, 2014, 38（2）：173-200.

[105] 高红凯, 何晓波, 叶柏生, 等. 1955—2008 年冬克玛底河流域冰川径流模拟研究. 冰川冻土, 2011, 33 （1）：171-181.

[106] Schaefli B, Hingray B, Niggli M, et al. A conceptual glacio-hydrological model for high mountainous catchments[J]. Hydrology and Earth System Sciences Discussions, 2005, 9 （1-2）：95-109.

[107] Bergström S, Forsman A. Development of a conceptual deterministic rainfall-runoff model[J]. Hydrology Research, 1973, 4（3）：147-170.

[108] 张勇, 刘时银. 度日模型在冰川与积雪研究中的应用进展[J]. 冰川冻土, 2006, 28（1）：101-107.

[109] Koboltschnig G R, SchoNer W, Zappa M, et al. Contribution of glacier melt to stream runoff: if the climatically extreme summer of 2003 had happened in 1979...[J]. Annals of Glaciology, 2007, 46（1）：303-308.

[110] 卿文武, 陈仁升, 刘时银. 冰川水文模型研究进展[J]. 水科学进展, 2008, 19（06）：893-902.

[111] Ragettli S, Pellicciotti F. Calibration of a physically based, spatially distributed hydrological model in a glacierized basin: On the use of knowledge from glacio-meteorological processes to constrain model parameters[J]. Water Resources Research, 2012, 48（3）：3509.

[112] 谢小龙. 祁连山老虎沟 12 号冰川径流模拟研究[D]. 兰州: 兰州大学, 2014.

[113] 李晶, 刘时银, 韩海东, 等. 天山托木尔峰南坡科其喀尔冰川流域径流模拟[J]. 气候变化研究进展, 2012, 8（5）：41-47.

[114] 杨森, 叶柏生, 彭培好, 等. 天山乌鲁木齐河源区 1 号冰川径流模拟研究[J]. 冰川冻土, 2012, 34（1）：130-138.

[115] 王晓蕾, 孙林, 张宜清, 等. 用分布式水文模型识别流域冰川融水对径流的贡献——以天山库玛拉克河为例[J]. 资源科学, 2015, 37（3）：475-484.

[116] 胡焙锋, 姜龙. 玛纳斯河冰雪水文特征及水资源开发现状[J]. 水利科技与经济, 2010, 16（9）：1045-1046.

[117] 季漩. 玛纳斯河流域雪冰产流过程模拟研究[D]. 北京: 中国科学院大学, 2013.

[118] Kurtzman D, Kadmon R. Mapping of temperature variables in Israel: A comparison of different interpolation methods[J]. Climate Research, 1999, 13（1）: 33-43.

[119] Weisse A K, Bois P. Topographic Effects on statistical characteristics of heavy rainfall and mapping in the french Alps[J]. Journal of Applied Meteorology, 2010, 40（4）: 720-740.

[120] Wotling G, Bouvier C, Danloux J, et al. Regionalization of extreme precipitation distribution using the principal components of the topographical environment[J]. Journal of Hydrology, 2000, 233（1-4）: 86-101.

[121] 彭彬, 周艳莲, 高苹, 等. 气温插值中不同空间插值方法的适用性分析——以江苏省为例[J]. 地球信息科学学报, 2011, 13（4）: 539-548.

[122] 李净, 罗晶. 晴空下山区太阳辐射模拟[J]. 干旱区地理, 2015, 38（1）: 120-127.

[123] 金鑫, 杨礼箫. 基于 ArcGIS 的复杂地形下太阳辐射分析计算[J]. 安徽农业科学, 2014, 42（23）: 7952-7955+7973.

[124] Kreith F, Kreider J F. Principles of solar engineering[M]. Hemisphere Pub. Corp, 1978: 183-184.

[125] Li X, Koike T, Cheng G D. Retrieval of snow reflectance from Landsat data in rugged terrain[J]. Annals of Glaciology, 2002, 34（1）: 31-37.

[126] 孙小舟, 封志明, 杨艳昭. 西辽河流域 1952 年~2007 年参考作物蒸散量的变化趋势[J]. 资源科学, 2009, 31（3）: 479-484.

[127] 张守红, 刘苏峡, 莫兴国, 等. 阿克苏河流域气候变化对潜在蒸散量影响分析[J]. 地理学报, 2010, 65（11）: 1363-1370.

[128] 刘昌明, 张丹. 中国地表潜在蒸散发敏感性的时空变化特征分析[J]. 地理学报, 2011, 66（5）: 579-588.

[129] Hargreaves G H. Moisture availability and crop production[J]. Transactions of the ASAE, 1975, 18（5）: 980-984.

[130] 秦年秀, 姜彤, 许崇育. 长江流域径流趋势变化及突变分析[J]. 长江流域资源与环境, 2005, 14（5）: 589-594.

[131] Yue S, Pilon P, Cavadias G. Power of the Mann-Kendall and Spearman's rho tests for detecting monotonic trends in hydrological series[J]. Journal of Hydrology, 2002, 259（1-4）: 254-271.

[132] 钱永兰, 吕厚荃, 张艳红. 基于 ANUSPLIN 软件的逐日气象要素插值方法应用与评估[J]. 气象与环境学报, 2010, 26（2）: 7-15.

[133] Jost G, Weiler M, Gluns D R, et al. The influence of forest and topography on snow accumulation and melt at the watershed-scale[J]. Journal of Hydrology, 2007, 347（1-2）: 101-115.

[134] Anderton S P, White S M, Alvera B. Evaluation of spatial variability in snow water equivalent for a high mountain catchment[J]. Hydrological Processes, 2004, 18（3）: 435-453.

[135] Schmidt S, Weber B, Winiger M. Analyses of seasonal snow disappearance in an alpine valley from micro- to meso-scale（Loetschental, Switzerland）[J]. Hydrological Processes, 2009, 23（7）: 1041-1051.

[136] Hedstrom N R, Pomeroy J W. Measurements and modelling of snow interception in the boreal forest[J]. Hydrological Processes, 1998, 12（10-11）: 1611-1625.

[137] Pomeroy J W, Gray D M, Hedstrom N R, et al. Prediction of seasonal snow accumulation in cold climate forests[J]. Hydrological Processes, 2002, 16（18）: 3543-3558.

[138] Pomeroy J W, Marsh P, Gray D M. Application of a distributed blowing snow model to the Arctic[J]. Hydrological Processes, 1997, 11（11）: 1451-1464.

[139] 王云丰. 人类活动对季节性积雪融化的影响[D]. 乌鲁木齐: 新疆大学, 2007.

[140] 戴长雷, 孙思淼, 叶勇. 高寒区土壤包气带融雪入渗特征及其影响因素分析[J]. 水土保持研究, 2010, 17（3）: 269-272.

[141] 舒栋才. 基于 DEM 的山地森林流域分布式水文模型研究[D]. 成都: 四川大学, 2005.

[142] Liu S R, Sun W X, Shen Y P, et al. Glacier changes since the Little Ice Age maximum in the western Qilian Shan, northwest China, and consequences of glacier runoff for water supply[J]. Journal of Glaciology, 2003, 49（164）, 117-124.

[143] 刘时银, 丁永建, 张勇, 等. 塔里木河流域冰川变化及其对水资源影响[J]. 地理学报, 2006, 61（5）: 482-490.

[144] Chen J Y, Ohmura A. Estimation of Alpine glacier water resources and their change since the 1870s[J]. Hydrology in Mountainous Regions, 1990, 193: 127-135.

[145] Macheret Y Y, Cherkasov P A, Bobrova L I. Tolshchina i ob'em lednikov Dzhungarskogo Alatau po dannym aeroradiozondirovaniya[J]. Materialy Glyatsiologicheskikh Issledovanii, 1988, 62: 60-71.

[146] Valentina R, Regine H. Regional and global volumes of glaciers derived from statistical upscaling of glacier inventory data[J]. Journal of Geophysical Research, 2010, 115（F1）: 87-105.

[147] Moore J, Grinsted A, Zwinger T, et al. Semi-empirical and process-based global sea level projections[J]. Reviews of Geophysics, 2013, 51（3）: 484-522.

[148] 穆振侠. 高寒山区降水垂直分布规律及融雪径流模拟研究[D]. 乌鲁木齐: 新疆农业大学, 2010.

[149] 李抗彬. 新疆下坂地水库冰雪融水径流预报模型研究[D]. 西安: 西安理工大学, 2007.

[150] 吴益, 程维明, 任立良, 等. 新疆和田河流域河川径流时序特征分析[J]. 自然资源学报, 2006, 21（3）: 375-381.

[151] 廖厚初, 张滨, 肖迪芳. 寒区冻土水文特性及冻土对地下水补给的影响[J]. 黑龙江水专学报, 2008, 35（3）: 123-126.

[152] 肖迪芳, 陈培竹. 冻土影响下的降雨径流关系[J]. 水文, 1983,（6）: 10-16.

[153] 姜卉芳, 姜毅, 陈亮. 新疆河流径流模拟[J]. 新疆农业大学学报, 1998, 21（3）:

176-183.

[154] 俞鑫颖, 刘新仁. 分布式冰雪融水雨水混合水文模型[J]. 河海大学学报(自然科学版),
       2002, 30（5）: 23-27.

[155] 杨广云, 阴法章, 刘晓凤, 等. 寒冷地区冻土水文特性与产流机制研究[J]. 水利水电
       技术, 2007, 38（1）: 39-42.

[156] Krysanova V, Bronstert A, Müllerwohlfeil D I. Modelling river discharge for large
       drainage basins: from lumped to distributed approach[J]. Hydrological Sciences
       Journal-Des Sciences Hydrologiques, 1999, 44（2）: 313-331.

[157] Hock R. Temperature index melt modelling in mountain areas[J]. Journal of Hydrology,
       2003, 282（1-4）: 104-115.

[158] Luo Y, Arnold J, Liu S Y, et al. Inclusion of glacier processes for distributed hydrological
       modeling at basin scale with application to a watershed in Tianshan Mountains, northwest
       China[J]. Journal of Hydrology, 2013, 477: 72-85.

[159] 陈仁升, 吕世华, 康尔泗, 等. 内陆河高寒山区流域分布式水热耦合模型（Ⅰ）: 模型
       原理[J]. 地球科学进展, 2006, 21（8）: 806-818.

[160] Ding Y J, Ye B S, Liu S Y, et al. Monitoring of frozen soil hydrology in macro-scale in the
       Qinghai-Xizang Plateau[J]. Chinese Science Bulletin, 2000, 45（12）: 1143-1149.

[161] Nachtergaele F, Velthuizen H, Verelst L, et al. Harmonized world soil database version
       1.2[J]. 2012.

[162] Maidment D R, Olivera F, Calver A, et al. Unit hydrograph derived from a spatially
       distributed velocity field[J]. Hydrological Processes, 1996, 10（6）: 831-844.

[163] Leavesley G H, Stannard L G, Singh V P. The precipitation-runoff modeling system-
       PRMS[J]. Geological Survey Circular, 1995: 281-310.

[164] Pilgrim D H. Travel times and nonlinearity of flood runoff from tracer measurements on a
       small watershed[J]. Water Resources Research, 1976, 12（3）: 487-496.

[165] 文康. 地表径流过程的数学模拟[M]. 北京: 水利电力出版社, 1991.

[166] Ducharne A, Golaz C, Leblois E, et al. Development of a high resolution runoff routing
       model, calibration and application to assess runoff from the LMD GCM[J]. Journal of
       Hydrology, 2003, 280（1-4）: 207-228.

[167] Saltelli A. Global sensitivity analysis : the primer[M]. John Wiley, 2008.

[168] Morris M D. Factorial sampling plans for preliminary computational experiments[J].
       Technometrics, 1991, 33（2）: 161-174.

[169] Venables W N, Ripley B D. Modern Applied Statistics with S-PLUS[M]. Springer, 1998:
       249.

[170] Sobol I M. Sensitivity Estimates for Nonlinear Mathematical Models[J]. Math. Model.
       Comput. Exp., 1993, 1（4）: 407-414.

[171] Saltelli A, Tarantola S, Chan K P S. A quantitative model-independent method for global

sensitivity analysis of model output[J]. Technometrics, 1999, 41（1）: 39-56.

[172]　Saltelli A, Chan K, Scott E M. Sensitivity analysis[J]. Wiley Series in Probability and Statistics, New York: John Wiley & Sons, Ltd., 2000.

[173]　Campolongo F, Cariboni J, Saltelli A. An effective screening design for sensitivity analysis of large models[J]. Environmental Modelling & Software, 2007, 22（10）: 1509-1518.

[174]　Chen X, Yang T, Wang X Y, et al. Uncertainty intercomparison of different hydrological models in simulating extreme flows[J]. Water Resources Management, 2013, 27（5）: 1393-1409.

[175]　张山清, 普宗朝, 李景林, 等. 1961—2010 年新疆季节性最大冻土深度对冬季负积温的响应[J]. 冰川冻土, 2013, 35（6）: 1419-1427.

[176]　Touhami H B, Lardy R, Barra V, et al. Screening parameters in the Pasture Simulation model using the Morris method[J]. Ecological Modelling, 2013, 266: 42-57.

[177]　Griensven A V, Meixner T, Grunwald S, et al. A global sensitivity analysis tool for the parameters of multi-variable catchment models[J]. Journal of Hydrology, 2006, 324（1）: 10-23.

[178]　He M X, Hogue T S, Franz K J, et al. Characterizing parameter sensitivity and uncertainty for a snow model across hydroclimatic regimes[J]. Advances in Water Resources, 2011, 34（1）: 114-127.

[179]　Duan Q Y, Gupta V K, Sorooshian S. Shuffled complex evolution approach for effective and efficient global minimization[J]. Journal of Optimization Theory and Applications, 1993, 76（3）: 501-521.

[180]　Duan Q Y, Sorooshian S, Gupta V K. Optimal use of the SCE-UA global optimization method for calibrating watershed models[J]. Journal of Hydrology, 1994, 158（3-4）: 265-284.

[181]　徐会军, 陈洋波, 曾碧球, 等. SCE-UA 算法在流溪河模型参数优选中的应用[J]. 热带地理, 2012, 32（1）: 32-37.

[182]　Zuzel J F, Pikul J L J, Rasmussen P E. Tillage and fertilizer effects on water infiltration[J]. Soil Science Society of America Journal, 1990, 54（1）: 205-208.

[183]　Niu G Y, Yang Z L. Effects of frozen soil on snowmelt runoff and soil water storage at a continental scale[J]. Journal of Hydrometeorology, 2006, 7（5）: 937-952.